林间新绿

——河北省自然教育实践

郭书彬　王旭鹏　高　立　主编

中国林业出版社

图书在版编目（CIP）数据

林间新绿：河北省自然教育实践 . 1 / 郭书彬，王旭鹏，高立主编 . —北京：中国林业出版社，2022.8

ISBN 978-7-5219-1779-6

Ⅰ.①林… Ⅱ.①郭… ②王… ③高… Ⅲ.①自然教育—河北—文集 Ⅳ.①G40-02

中国版本图书馆 CIP 数据核字（2022）第 130850 号

责任编辑　刘香瑞

出　　版	中国林业出版社（100009　北京西城区刘海胡同 7 号） 网址　http://lycb.forestry.gov.cn 电话　010-83143545
发　　行	中国林业出版社
设计制作	北京大汉方圆数字文化传媒有限公司
印　　刷	河北京平诚乾印刷有限公司
版　　次	2022 年 8 月第 1 版
印　　次	2022 年 8 月第 1 次
开　　本	710 mm × 1000 mm　1/16
印　　张	15
字　　数	238 千字
定　　价	80.00 元

编 委 会

主 任 郭书彬
副主任 王玉忠 刘振杰 王 鑫 路大宽
委 员 刘春鹏 胡 洁 姚会浦 孙冀轩 刘 杨 王 超 陈 璇

编 写 组

主 编 郭书彬 王旭鹏 高 立
副主编 李 晋 张 龙 张树彬 仰素琴
编 者（按姓氏笔画排序）

于 杰	于 跃	万少欣	马小欣	王 旭	王 波
王 巍	王万许	王金旭	王圆圆	艾大伟	左树锋
石宗琳	付晓燕	白锦荣	成克武	曲亚辉	任士福
任俊杰	仰素海	仰素琴	刘亚儒	刘彦泽	刘振杰
刘效竹	刘润萍	江大勇	杜 娟	李 白	李 莉
李林茜	李思思	李晓东	李爱民	李瑞平	李微微
李德成	杨 照	杨丽晓	杨绣坤	吴凌子	忻富宁
张 龙	张小婧	张文慧	张秀珍	张希军	张树彬
张秋红	张艳侠	张爱军	陈虹宇	陈彩霞	武 宁
武大勇	苗雨飞	金照光	周 超	周苗苗	庞久帅
屈 月	孟亚男	项亚飞	赵 鹏	赵 潇	赵志红
赵俪茗	赵高鑫	赵敏琦	赵焕生	袁硕烁	夏秦超
原阳晨	徐 倩	徐登华	高素红	高楠楠	郭书彬
郭建刚	黄炳旭	崔华蕾	温雅婷	甄 伟	路大宽
蔡万波	薛文秀	薛文静	魏 巍		

前　言

　　思想的诞生源于自然，文明的延续依靠自然。自然教育连接着自然与人类，连接着自然与文化，连接着自然与情感。

　　自然教育的诞生与发展离不开自然资源的支撑。河北省西靠巍峨太行山脉，东面壮阔渤海湾，北依陡峭燕山，南呈开阔华北平原，多样的地形造就了河北省丰富的自然资源。有"河北屋脊"小五台山自然保护区，有兼具生态、皇家、民俗特色的塞罕坝国家森林公园，有"绿色宝库"雾灵山国家级自然保护区，有"自然博物馆"河北柳江盆地地质遗迹国家级自然保护区，有"东亚蓝宝石"衡水湖国家级自然保护区，有被誉为"沙漠与大海的吻痕"的河北昌黎黄金海岸。优质独特的自然资源为自然教育提供了最广泛的基地，让我们有机会能够融入自然的怀抱，接受自然的洗礼。

　　当教育回归自然，与其说是认识自然、了解自然，不如说是在自然中唤起内心深处最纯粹的情感。

　　当前，我国自然教育的发展呈现"南强北弱"的局面，北方自然教育的发展起步相对较晚，河北省应当借助优质资源，把握当下生态文明建设的局面，开拓自然教育的新篇章。本书整合有关河北省内自然教育的各方面研究，包括兼顾文学性与知识性的科普文章以及专注研究某一自然资源的科研文章，旨在通过本书的出版获得社会对自然教育的更多关注，助力河北省自然教育的发展，推动全国自然教育的发展迈上新台阶。

敬请各位读者批评指正。

本书编写组

2022 年 3 月

目 录

对自然教育理念的探讨……………………温雅婷　仰素琴　1
京津冀联手推进古树名木保护……………………杜　娟　5
自然教育与自然保护地的发展………………蔡万波　魏　巍　8
自然保护区与自然教育…………………………………蔡万波　13
衡水湖自然保护区开展自然体验活动的思考……………刘振杰　19
秦皇岛市多措并举推进小学森林生态科普教育工作
　　…………………………徐登华　李德成　赵　潇，等　22
我们为什么要在衡水湖开展自然教育
　　……………………………屈　月　王金旭　刘振杰，等　29
浅谈河北柳江盆地地质遗迹保护区的自然教育功能……路大宽　35
高山上的圣洁勇士——雪绒花………………………杨绣坤　45
关爱自然，就要敬畏自然………………………………仰素海　49
国宝褐马鸡………………………………薛文秀　薛文静　54
梅花文化与自然教育……………………………………张秋红　58
我的名字叫小五台山……………………………………万少欣　62
七里海潟湖湿地的鸟类保护与自然教育………金照光　赵志红　64
我是森林，我怕火………………………薛文静　薛文秀　69
基于SWOT分析的河北雾灵山国家级自然保护区自然
　　教育研究………………杨丽晓　李林茜　马小欣，等　71

无公害防治技术在林业病虫害防治中的应用……………刘效竹 77
河北衡水湖国家级自然保护区开展自然教育 SWOT 分析
　　………………………李思思　石宗琳　徐　倩，等 80
自然教育融入林业生态实践的思考……………黄炳旭　任士福 88
做优做强自然教育事业，助力中华民族伟大复兴……郭书彬 95
自然教育理念下自然保护区教育模式创新研究——以小五台山
　　自然保护区为例………袁硕烁　仰素琴　杨　照，等 102
雾灵山自然保护区开展自然教育工作的研究与实践
　　……………………………………………魏　巍　艾大伟 110
雾灵山自然保护区开展自然教育的探讨
　　………………………陈彩霞　项亚飞　曲亚辉，等 121
关于雾灵山自然保护区自然教育活动设计的探讨
　　………………………陈彩霞　王圆圆　马小欣，等 126
自然教育理论下的幼儿发展探究…………………………杨　照 133
"五维一体"自然教育观………李　白　张小婧　杨　照，等 141
河北省大海陀国家级自然保护区自然教育发展的现状及对策
　　………………………赵俪茗　李　莉　张秀珍 148
河北昌黎黄金海岸国家级自然保护区开展自然教育的探讨
　　……………………………………………金照光　赵志红 154
浅析自然教育的发展及意义………………陈虹宇　任士福 161
疫情背景下自然教育的探索与实践——以雾灵山国家级自然
　　保护区自然教育为例………苗雨飞　王圆圆　魏　巍，等 167
河北内丘鹊山湖国家湿地公园动植物多样性研究
　　………………………付晓燕　江大勇　高楠楠，等 172
自然教育基地的类型及存在问题分析………………………成克武 183
河北小五台山国家级自然保护区的生物多样性保护与
　　自然教育探索　………白锦荣　张爱军　王　巍，等 190
森林康养式自然教育基地………任俊杰　原阳晨　周苗苗，等 196
浅析高校开展自然教育的实践与探索………………………李晓东 201
试论自然教育基地运营及管理模式

……………………………………刘润萍　仰素海　刘亚儒，等　205
乡村自然教育的探索……………………吴凌子　赵高鑫　刘润萍　212
自然教育发展探析………………刘亚儒　仰素海　刘润萍，等　217
自然教育市场化转型发展策略……………………张　龙　张树彬　221

对自然教育理念的探讨

温雅婷[1] 仰素琴[2]

（1. 石家庄工商职业学院　河北　石家庄 050011；
2. 河北小五台山国家级自然保护区管理中心　河北　蔚县 075700）

一、开展自然教育的意义

自然教育中的一个关键词是"教育"，可粗浅地理解为是一种教育活动，以自然环境为教室，以自然环境为主题，在自然环境中取材开展的教育活动。通过教育活动，培养孩子们热爱自然的心，也是为我国的生态文明建设培养有力的后备军。

然而，我们的自然教育并不是这么简单的理解，人类的祖先就是从自然中走出来的，创造了人类文明社会，我经常告诉孩子们，世界上有两位最好的老师——书和大自然。我是保护区的一名自然教育工作者，有责任和义务广泛传播自然教育的理念。自然教育作为环境保护科学的一部分，让越来越多的人参与到自然教育中，也让越来越多的人意识到环境的问题。

在自然教育中，比如表达对野生动物喜爱的最好方式，不是据为己有，而是把它们留在野外的栖息地，最好的解决方案是让野生动物生活在野外，选择"动物友好型"旅游方式，对动物进行远距离观察，避免直接接触，不打扰，不伤害；在自然界中，植物承载了物种进化的智慧，也见证、参与了人类文明的进程，有维持人类和其他生物的生命资源的奇特功能，在自然教育的过程中，引导学生们使用"形式"、"联系"和"责任"等关键概念来提问植物的共同特征和它们独特的适应性，植物与其他生物相互依存的方式，以及最后我们人类作为个人和集体对植物的责任，来满足学生对植物探索的好奇心与求知欲，体会发现植物奥秘的乐趣，了解植物的大智慧对人类社会的深刻影响，激发孩子的思考力，同时带孩子思考植物与人类社会之间的关系，让孩子学习建立人与自然的和谐关系。

大多数居住在城市里的人类，却离自然环境越来越远，不了解自然，忽略人与自然的关系。我从小生长在农村，经历过躺在草垛上看漫步的云，在草堆中捡母鸡刚下的蛋，在池塘中捞蝌蚪，在草丛中捉蝈蝈，被马蜂蜇得手上红肿，不小心踩到蚂蚁窝被爬满全身的蚂蚁撕咬，在田间挖出一窝粉团似的小老鼠，夜晚借助手电筒抓房檐下的麻雀，摔泥泡，推铁圈，上山采野果子、采蘑菇……

历史长河中，机智的司马光"砸缸"救出了小伙伴，年幼的曹冲"称象"展现了聪明智慧；数星星的张衡成了天文学家，观察"苹果落地"的牛顿发现了万有引力定律，富兰克林通过雷电中的风筝揭开了雷电的秘密……这是自然教育思考的力量，这是自然世界里各种各样对生命的思考。

二、如何认识自然教育，怎样传播自然教育？

在自然教育中，走进自然、亲近自然、认识自然、回归自然是每个家长和孩子的必修课，亲近自然是健康人格形成不可缺少的条件，也是人类向大自然学习的重要途径。

作为一名自然保护区自然教育工作者，如何认识自然教育、怎样传播自然教育，是我经常反思、关注的问题。认识—传播—实践—再认识，这是我们深入接触很多事物时的基本逻辑，我想对于自然教育工作也同样适用。

当大家初次接触自然教育，如何认识它？以何种视角来看待？自然教育的核心问题是自然环境准备、自然教育老师的招募培养、家长参与自然教育、老师对孩子在户外大自然行为的评估、反馈和支持。在传播中如何处理抽象和具体的问题、知识和行动的问题、活动和教育的问题，需要共同探讨。传播的重点在于让大众认识到自然教育是一种教育而非简单的体验、玩乐；它就在我们身边，是孩子成长中不可缺少的一部分，而不是可有可无的，充分展示出自然教育的价值、对孩子的教育意义。当我在小五台山自然保护区辖区举办一个活动时，常常把自己当成自然教育的受众，在体验、玩乐之余思考"来到这里到底学到了什么？是什么因素吸引我来到这里？"自然中的教育不以书面文字、符号系统作为主要学习内容，而是通过跟周围自然环境的相互作用，让访客在自然环境中去接触多样化的事物，感受生命的多样性，感受世界的丰富多彩，从而获得多样化的经验。去认知到自然环境不是孤立的，是整体的、系统的，用可持续发展的理念去把握自然现象，在自然当中进行综合的、整体的学习。

在几年来实践自然教育中，在课程的实施传播上，内容注重于以自然环境为背景，以人类为媒介，利用科学有效的方法，使访客融入大自然，激发体验者的好奇心，满足体验者的探索欲望，让人们在大自然中，学会人与自然之间的相处之道，认识到人类对自然的责任、自然与其他生物间相互依赖的关系。最核心目标方向是确保实现有效学习，而有效的大自然教育，应当遵循"融入、系统、平衡"的三大法则。自然教育的方式有很多，包括观鸟、科普讲堂、手工制作、收集自然物，作自然笔记、绘画、摄影、宣讲代言等，课程期间通过五感——视、听、嗅、味、触，引导访客进行观察、动手、记录、游戏互动、讨论交流等，沉浸式地融入自然、体会自然，辩证地看待自然。

三、调研的思考成果

在自然教育的工作过程中，我大概用了5年的时间在师资培训、课程导入、家长沟通等方面进行了大量的调研，调研的思考成果有：

（1）自然教育本质不是在保护自然，而是在保护人类。自然教育并不等同于科普教育，也不完全等同于环保教育。我们教育的对象是整个人类，所以自然教育的最终目标是注入人的意识。

（2）儿童自然教育要做的不是传授，而是连结。自然教育要做的不是知识的传授，而是让孩子在自然中重新打开所有的感官并锐化他们，不断在自然中体会和建构自己与自我的关系、自己与他人的关系、自己与金钱的关系、自己与文化之间的关系，并最终指向"生态人"教育，让每个孩子都可以成为幸福而独特的普通人。

（3）自然教育不等于有了自然资源才可做，一花一草一昆虫，一树一水一动物都会成为探究的快乐源泉，也可以是一堂生动的自然教育课程。家里也可以实施自然教育，在城市钢筋水泥的房子里，也可以把自然物导入室内。自然教育有一个非常有趣的口号，即"天下处处是课堂"。

（4）遇到自然状态下的教师，将教育浸润于自然环境中，关注自然的特点、规律、联系，从整体上形成对自然的认知、情感和态度，对孩子的影响胜过一切教化。做自然教育师资遴选时，最核心的是考虑老师是不是发自内心地支持和爱孩子，当他具备这样条件的时候，剩下的才是关于自然教育的基本技能、自然常识。儿童更需要老师在自然场景中支持他、尊重他、倾听他。

（5）如果我们把自然教育定义为回归全人类教育的一种模式的话，从人出生开始，我们的自然教育就开始了。人本身有两个属性，一个是自然属性，一个是社会属性。自然属性是天生能获得的，而社会属性更多的时候是基于人身上有了整个文化的烙印，以及在与他人的交流中才能产生。

在面对可持续发展的挑战、生态文明建设的需要、新冠肺炎疫情下构建新型人类命运共同体的诉求之际，自然教育更展现出不可忽视的胜任力，成为当代中国教育图景中一道别样的风景线。

京津冀联手推进古树名木保护

杜 娟

（石家庄市植物园管理处　河北　石家庄 050000）

古树名木是中华民族悠久历史与文化的象征，是见证历史、研究历史、探索自然奥秘的活文化，是大自然和祖先留给我们的宝贵遗产。经历千载百年、阅尽人间沧桑、点缀江山秀色、装扮美丽家园的古树名木，是我们不能复制的宝贵财富。随着文明社会的不断发展，古树名木越来越受到社会各界的关注和重视。但长期以来，由于多种原因，古树名木遭受破坏现象严重，数量急剧减少。古树是活着的古董，是有生命的国宝，一旦死亡无法再现，因此我们应重视古树的复壮与养护管理，并采取行之有效的办法将这些好的基因保存下来。

一、研究背景

京津冀地区历史悠久，古树名木众多。2012年起，河北省开展古树名木保护工程，对全省城镇和风景名胜区内的古树名木进行全面普查，并组织专家对千年以上古树的树龄进行鉴定，现在已经确立了十大重点保护基地，对急需抢救保护的古树采取了保护措施。经调查，河北省现存古树名木110697株，其中涉县"天下第一国槐"、丰宁九龙松等最为著名。北京现有古树名木44852株，天津共有古树名木602株。

二、京津冀三地联手保护古树名木

（一）京津冀古树名木保护研究中心、京津冀古树名木保护专家委员会成立

2016年河北省风景园林与自然遗产管理中心、北京市园林科学研究院、天津市园林绿化研究所三家单位共同发起成立了京津冀古树名木保护研究中心，2017年5月，京津冀古树名木保护专家委员会成立大会在石家庄市植物园召开，来自北京、天津以及河北的21名行业专家接受京津冀古树保护研究中心颁发的聘用证书，成为京津冀古树名木保护专家委员会成员。

（二）京津冀古树名木保护研究中心保护古树名木的目标和任务

京津冀古树名木保护研究中心旨在发挥三地在古树保护方面的成功经验，建立三地联动沟通机制，实现技术信息共享，提升三地古树保护水平。研究中心将在三地选择100株濒危或者衰弱的古树进行抢救性保护，逐株制定复壮方案，计划在5年内，使这些树的生长势得到有效改善。同时，建立京津冀古树名木基因库，尝试保存古树试管苗后代，5年内选取200株不同树种的古树名木进行无性繁殖研究。此外，京津冀古树名木专家委员会成立，通过组建专家库，编制京津冀重点古树名木保护规划，制定古树名木保护有关工程建设规划，开展古树养护、复壮技术培训及树龄树种鉴定，建设京津冀古树信息库及门户网站，培养古树保护技术骨干。

（三）河北古树名木保护工作

（1）在石家庄市植物园成立京津冀古树保护研究中心（河北基地）。2017年3月，石家庄市植物园管理处受河北省风景园林与自然遗产管理中心委托并签订协议，在石家庄植物园内设立京津冀古树保护研究中心（河北基地）。

（2）河北基地的目标和任务。河北基地将收集、保存、繁殖并展示京津冀地区古树种质资源，通过组培、扦插、嫁接等方式进行无性繁殖，繁育保存与母体完全一致的遗传性状的亲代个体，保存古树名木的种质资源遗传信息，建立河北省古树名木基因库，建设京津冀地区的古树名木种质资源圃，并通过开展科普活动，宣传推广古树名木的历史内涵，弘扬中华

民族的传统文化。

（3）河北基地成立三年来所做工作。2017年到2019年，河北基地共收集了河北省69棵古树的接穗，通过组培、嫁接、扦插等无性繁殖方式保存古树的优良基因。

河北分中心工作人员积极与《燕赵晚报》合作，在植物园定期举办系列科普活动，让更多的人关心关注古树名木的保护工作，呼吁大家投入古树名木的保护工作中来，并了解古树名木基因库建设的目的和意义。内容主要包括："古树名木基因保存"讲座、参观"河北最美古树展"，学习树洞探测仪以及测树仪的使用方法，以及开展扦插繁殖课程等。

三、结　语

京津冀古树名木保护研究中心及京津冀古树名木专家委员会成立以来，京津冀在古树保护方面的合作迈上了一个新台阶，合作将向更深层次更广领域发展，更加方便开展业务交流，培养更多专业人才，使古树名木保护工作更富有生机活力。

自然教育与自然保护地的发展

蔡万波　魏　巍

（河北雾灵山国家级自然保护区管理中心　河北　隆化 067300）

人与自然的关系是人类社会最基本的关系。马克思主义认为，人靠自然界生活。人类在同自然的互动中生产、生活、发展。中华文明强调要把天地人统一起来，按照大自然规律活动，取之有时，用之有度。习近平总书记指出："自然是生命之母，人与自然是生命共同体，人类必须敬畏自然、尊重自然、顺应自然、保护自然。"保护自然就是保护人类，建设生态文明就是造福人类。在全社会牢固树立生态文明理念，增强全民节约意识、环保意识、生态意识，培养生态道德和行为习惯，让天蓝地绿水清深入人心。开展全民绿色行动，倡导简约适度、绿色低碳的生活方式，反对奢侈浪费和不合理消费，形成文明健康的生活风尚。要完成这样一个伟大事业，创建人与自然和谐共生的美好家园，就必须加强自然教育。

一、自然教育的新使命

提出自然教育理论的最早代表是 18 世纪法国杰出的启蒙思想家、哲学家、教育家、文学家卢梭，其主要观点是：教育要服从自然的永恒法则，听任人的身心自由发展。其自然教育理论的重点是如何培养儿童，核心是回归自然。

随着社会的发展，自然教育的内涵在不断扩大，在以儿童和青少年为重点的前提下，在全社会扩展，我们社会公民都需要进行自然教育，认识自然、尊重自然、敬畏自然。学习者在环境中体验自然，探索人与自然相互之间的关系。这种教育方式侧重于体验。自然教育的对象是"自然人"，自然教育的方法是"适应自然"，我们首先要尊重个性与天性，然后要在活动与体验中学习，最后在自然活动中获得新生。由于大人工作繁忙，事务缠身，孩子学习忙，这样接触大自然的时间越来越少，从而导致一系列行为和心理上的问题，如注意力不集中、身体素质下降、想象力贫乏、天性丧失等，这种症状严重影响着人们的身心健康、工作学习。我们要全面发展人的素质，包括精神素质、情感素质、心智素质以及身体素质，这样才能够站在别人的角度看待问题，才能够有更高的精神追求、价值追求。我们要重建人与自然的关系，呼吁"自然教育"，这也是新时代赋予自然教育的任务。

二、自然教育的要求

自然教育就是以大自然作为教育题材，了解人类在自然界的地位与角色、自然环境和人类间的关系，进而培养我们关爱环境的情操。自然教育是一种特别的教育，不同于普通的教育。无论老师、学生和学校还是教材考核都有自己的特色。

（一）尊重自然的原则

尊重自然是自然教育必须遵循的原则，进行自然教育首先要尊重自然，人与自然是生命共同体，人类必须尊重自然、顺应自然、保护自然。在观念上，重视人与自然、人与地球的关系，意识到保护生物多样性的重要性，看到人类与自然万物是"共同体"。

（二）摒弃主观和偏爱的原则

在大自然中接受教育，首先要有一颗平常心对待大自然，对自然要博爱，不要以个人好恶而行之。无论从教学还是作为学生，要有一颗求之自然、了解自然的敬畏之心。

（三）传播美好的原则

传播美好，建设美丽中国是自然教育的目的，从自然教育上要倡导简约适度、绿色低碳的生活方式，拒绝奢华和浪费，形成文明健康的生活风尚。

要倡导环保意识、生态意识，有完整的大自然，才会有完整的人类。

（四）与游览观光严格分开

自然教育研学必须要跟游览观光严格区分开。自然教育和旅游存在明显界限。旅游是放松心情，可以不带任务，不提要求，可以是纯娱乐性质的。而自然教育是一种特殊的教育，则必须带有目的，需要设计学习任务、评价考核体系等；其中当然也需要趣味成分，寓教于乐，但教育的本质不能忘，方向不能错。

三、自然保护地是开展自然教育的最佳场所

自然保护地包括国家公园、自然保护区和自然公园，自然保护地是自然资源最丰富的地方，是生态文明建设的最佳方式。自然保护地有优美的环境，丰富的物种，有神秘的大自然，可以说是天然博物馆和大课堂。自然保护地对大多数社会公众而言，还很陌生，还很神秘。自然保护地应解开面纱，让社会公众了解保护地除了发挥保护作用，还有一项很重要的功能，就是面向社会公众的宣传教育功能，开展自然教育就是发挥宣传教育功能的一种方式。

根据《国家林业和草原局关于充分发挥各类自然保护地社会功能大力开展自然教育工作的通知》，按照"全面保护、科学管理、规范建设、持续发展"的方针，提高保护区自身能力建设水平，增强野生动物保护的有效性和科学性，推动科研监测和宣传教育工作的发展，实现人与野生动物和谐相处，激活保护区的社会公益和教育功能，基于保护区内能够面向青少年、教育工作者、特需群体和社会团体工作者开放的自然教育区域，建立自然保护区智慧自然教育的初步构架，为自然教育事业发展提供广阔实践平台。

自然环境是开展自然教育的重要基础。中国一万多个各类自然保护地成为开展自然教育的重要场域。自然教育推动自然保护，从保护资源到唤醒人心，开展自然教育推动自然保护地管理和保护工作从粗放走向精细，从政府保护到全社会保护。

（一）自然保护地有丰富的天然资源

自然保护地资源丰富，是物种基因宝库，可根据不同的保护地类型从

事不同的教育。有森林和野生动物类型，有湿地、地质遗迹、沙漠、海洋等多种类型，保护地开展自然教育有着得天独厚的资源。

（二）自然保护地有一定的教育基础

自然保护地经过多年的建设和发展，保护设施、宣传设施、接待设施都已基本完善，特别是国家公园和国家级自然保护区更为完善。有一定的宣传设施，如保护区的宣传介绍牌，有物种介绍、生态作用等介绍；通过多年的生态旅游开展，大都建立了独具特色的解说系统，包括历史文化、生态作用、景观资源等，形式多样，有文字、影像和多媒体等；通过多年的建设发展，保护区有一定的技术支撑，建有生态监测站、宣教馆和博物馆等；另外，保护区结合生态旅游的开展，旅游接待设施业已完善。

（三）自然保护地有一定的专业人才

自然保护地多年的发展，建立了一定的专业队伍，特别是国家级自然保护区，是多学科作支撑的，特别是动物学、植物学、昆虫学、土壤学等基础学科，有自己的专业队伍，而且熟悉自己的山形家底，搞自然教育得心应手。

四、自然教育的未来发展

自然教育方兴未艾，发展迅速，特别是与自然保护地的结合更是前景广阔，现在我国的自然教育发展已体现出自己的特色。

（一）国家的重视

自然教育是建设生态文明的重要抓手，是经济社会发展的迫切要求。随着我国经济社会的快速发展和人们生态文明意识的提高，以走进自然保护地、回归自然为主要特点的自然教育成为公众的新需求。2019年，《国家林业和草原局关于充分发挥各类保护地社会功能大力开展自然教育工作的通知》要求，各自然保护地在不影响自身资源保护、科研任务的前提下，按照功能划分，建立面向青少年、教育工作者、特需群体和社会团体工作者开放的自然教育区域。同年，中国林学会自然教育工作会议在浙江杭州召开。中国林学会等305家单位和社会团体发出倡议，依托中国林学会成立自然教育委员会（自然教育总校），统筹、协调、服务各地的自然教育工作，培育更多关注、参与自然保护事业的社会力量，激活各类自然保护地社会公益和教育功能，为自然教育事业发展提供广阔实践平台。

（二）自然教育形式多样

浙江天目山自然保护区和大地之野自然学校有机结合，共同开展自然教育，效果显著，在全国的自然保护区内是一个优秀案例且是全国自然保护区学习的典范。四川省王朗自然保护区与山水自然保护中心合作，开展"自然学堂"森林教育产品的设计工作。河北雾灵山自然保护区积极开展自然教育活动，坚持培训乡土生态宣传员多年；建立自然教育小径和特色康养步道，建立夏令营基地、博物馆、昆虫馆等自然教育基础设施；参加国家林草局组织的自然体验师培训；与大专院校合作开展教学实习、生态摄影等特色活动。

五、构建全社会参与型自然教育体系

随着生态文明建设发展，自然教育需求旺盛，走进自然、认识自然已成为人们的共识，人们渴望认识、了解自然，未来要构建全社会参与的教育体系。

构建"分龄分众式"自然教育全社会参与行动体系，按照受众年龄特征划分为儿童（0~4岁）、少年（14~25岁）、中青年（26~60岁）、老年（60岁以上）群体，依据不同群体的生活习惯、行为方式，采用适合的教育媒介和适宜的教育内容，引导全社会接触自然教育信息，参与自然教育活动。

利用自然保护地的特点开展自然教育，对推动自然保护地健康发展、提高公众的自然保护意识意义重大。

自然保护区与自然教育

蔡万波

（河北雾灵山国家级自然保护区管理中心　河北　兴隆 067300）

自然保护区是指对有代表性的自然生态系统、珍稀濒危野生动植物物种的天然集中分布区、有特殊意义的自然遗迹等保护对象所在的陆地、陆地水体或海域，依法划出一定面积予以特殊保护和管理的区域。自然保护区是推进生态文明、构建国家生态安全屏障、建设美丽中国的重要载体。强化自然保护区建设和管理，是贯彻落实创新、协调、绿色、开放、共享新发展理念的具体行动，是保护生物多样性、筑牢生态安全屏障、确保各类自然生态系统安全稳定、改善生态环境质量的有效举措。

为了更好地发挥自然保护区在生态文明建设中的作用，宣传新时代社会主义生态文明观，树立尊重自然、敬畏自然、保护自然和践行"绿水青山就是金山银山"的理念，在自然保护区开展自然教育，是实现这些举措的有效途径。自然保护区是我国生态文明建设的主阵地，有着优良的生态系统和自然资源，是进行宣传教育，特别是自然教育的良好场所。

一、开展自然教育的意义

（一）自然教育历史进程

自然教育，是让体验者在生态自然体系下，在自然中接受教育，目的是认识自然、尊重自然、敬畏自然，形成人与自然和谐共存的发展理念。是解决如何按照天性培养体验者，如何培养体验者释放潜在能量，培养如何自立、自强、自信、自理等综合素养的同时，树立正确的人生观、价值观，均衡发展的完整方案。从教育形式上说，自然教育，是以自然为师的教育形式。自然教育的代表人物是法国18世纪启蒙思想家卢梭，他提出了自然教育理论，其主要观点是：教育要服从自然的永恒法则，听任人的身心自由发展。自然教育的最终培养目标是自然人。卢梭自然主义教育的核心是"回归自然"。一方面，他认为善良的人性存在于纯洁的自然状态中。另一方面，卢梭还从儿童所受的多方面的影响来论证教育必须"回归自然"。自然教育的对象一般是以儿童和青少年学生为主，研究也以儿童和青少年为研究对象，培养孩子热爱森林、敬畏自然的精神，会让孩子的一生充满灵性，懂得抵抗无穷欲望，享受单纯质朴的快乐。很长一段时间自然教育以儿童和青少年为主要对象，让孩子认识自然、热爱自然。但随着历史的发展，生态文明建设提上了日程，自然教育的对象在不断地扩大，需要全社会都要了解自然、认识自然。自然教育要面对各个阶层，培养全社会热爱自然的文明情操。

（二）新时代自然教育的新内涵

随着时代的发展，特别是进入新时代，建设生态文明成为社会发展的主要任务和目标。自然教育在生态文明建设中的作用尤为重要，也要赋予其新的使命。主要是教育对象要从单一的儿童青少年向社会公众改变，要面向社会、面向公众。让全社会接受自然教育。自然教育是保护区的重要职能，特别是自然保护区的独特森林资源，是自然教育的主阵地。让社会公众充分接触自然环境，建立与大自然的情结。让人们通过走进自然、认识自然，实现环境保护、资源保护并通过对自然的不断观察，体会生命的伟大，培养热爱自然、敬畏自然、热爱生命、热爱生活的情感。

我国正在构建以国家公园为主体，以自然保护区为基础，以自然公园为补充的自然保护地体系建设，自然教育功能是各类自然保护地的主要功能。自然教育蕴藏人与自然的关系、发展模式、生命意义、现代化反思等深层命题，关乎人们如何了解世界，如何对待万物，如何与大自然相处。

二、自然保护区是自然教育的重要阵地

自然保护区在我国的自然保护地中占据着重要的地位，是基础。截至 2018 年，全国共有各种类型、不同级别的自然保护区 2750 个，总面积为 147.17 万平方公里。自然保护区开展自然教育有着得天独厚的条件，同时也在已经开展的自然教育中取得了一定的成绩和经验。

（一）自然教育的天然大课堂

自然保护区内有着丰富的、独特的自然资源，这里有着优质的环境，有蓝天净水，有鸟语花香，这里的一切都与我们人类的生存相联系，充满着奥妙和新奇。自然教育是以普及自然知识、宣传生态可持续发展为目的，融知识性、教育性、趣味性和娱乐性于一体。自然保护区是一个天然的大课堂。

（二）自然教育的成绩和经验

自然保护区资源独特，景观丰富，是开展旅游体验、科学研究和教学实习等教育活动的重要场所。自然保护区是"天然基因库"，能够保存许多物种和各种类型的生态系统，是进行科学研究的天然实验室，是活的自然博物馆，是向人们普及生物学知识、宣传保护生物多样性的重要场所。自然保护区建设六十多年来，开展了众多的科学研究和保护管理，取得了很多的研究成果和管理经验，把这些保护区的奥妙和美好故事讲给社会，让社会了解保护区、认识保护区，知道自然保护区的重要性，这也是自然教育的目的之一。

自然保护区经过建设和发展，大都建立了宣教中心、博物馆和环境解说系统，具备了开展自然教育的硬件系统。

自然保护区根据自己的资源和环境特点，开展了丰富多彩的自然体验。保护区大都设置了教育媒介，分为自导和向导两种形式。自导式媒介，也称为非人员媒介，包括解说展示牌、宣传折页或手册、体验小品、环境解说中心以及手机 App 等自媒体；向导式媒介，称为人员媒介，包括自然解说员、体验导师等组织开展的各类有意义的教育活动。另外，一些社会自然教育和自然保护的机构或公益组织与自然保护区合作开展自然教育活

动，这样的合作，既有专业的自然教育人才，又有优质的自然教育资源，效果很好。这些形式对我国自然教育的开展进行了探索和实践，取得了一定的成绩，积累了一定的经验。

三、雾灵山自然保护区自然教育的探讨和实践

雾灵山自然保护区是河北省的第一个国家级自然保护区，位于河北省兴隆县，雾灵山山高林立，最高峰为燕山山脉主峰，海拔2118米。雾灵山森林茂密，森林覆盖率93%，植物垂直分布明显，物种十分丰富，其中高等植物1870种，陆生脊椎动物173种，昆虫3000多种，大型真菌60余种，是华北不可多得的物种基因宝库，具有很高的生态保护价值和学术研究价值，也是开展自然教育的理想之地，同时是人与自然和谐相处的最佳典范。雾灵山自然保护区多年来一直摸索和实践着开展自然教育，从中总结出了一些经验。

（一）自然教育的萌芽

雾灵山曾是清王朝清东陵的"后龙风水禁地"，封禁长达270年，历史上森林得到了较好的保护。新中国成立后，国家设立森林经营机构，全面进行森林经营，大力造林，普遍护林。雾灵山的森林焕发了新机，其森林资源的学术价值被周边的科研院校所重视，京津冀的一些院校慕名而来进行教学实习，走进自然、认识自然。一直到1993年，保护区只是提供力所能及的服务向导，在这一时期的暑期，也会接待少量自由行的周边高校的学生。学生们从这里不仅学到了专业知识，同时也对林业、对森林、对自然产生了浓厚的兴趣。可以说，这个时期是自然教育的萌芽阶段。

（二）自然教育的起步

1993—2000年，这个时期是自然教育的起步阶段，也是生态旅游开展的起步阶段。这一时期，由于我国经济发展加快，人们旅游的欲望开始加大，特别是雾灵山毗邻京津，交通便利，且自然风光秀丽，有开展生态旅游的先天优势。自然教育也随着旅游的开展而产生。从一开始，就定位为生态旅游，对游客的体验行为进行约束，提出保护自然资源，不乱采乱挖，注意防火和保持环境卫生等，对游客进行宣传教育，并成立专门的机构和

人员进行管理。从经营上，坚持以保护为主，科学合理开发，搞好规划设计。从游客管理上，正确引导，制定生态旅游守则，保护一草一木，保护生态环境。这一阶段重点是宣传景观特点，宣传自然景色，对自然教育没有形成系统，只是起步，但为后来的教育打下了基础。

（三）自然教育的开展和发展

进入新世纪以来，生态旅游的发展逐步规范，开始注重生态宣传和科普教育，雾灵山保护区成为全国青少年科普教育基地。保护区成立宣传教育科，专门从事生态宣传和科普教育；建立生态博物馆和青少年夏令营基地，接待中小学生，进行自然教育。为了更好地宣传生态、保护生态，结合当地特点和旅游接待的需要，保护区组织专业人员编写培训教材，培训生态宣传员，并颁发生态宣传员证，已连续培训十多年，结业人员达 2000 多人。生态宣传员从事旅游接待讲解，宣传生态保护，在自然教育和生态保护中发挥了积极作用。

2012 年至今，这一阶段是自然教育发展阶段。特别是党的十八大以来，生态文明思想深入人心，努力形成人与自然和谐发展新格局。进一步加大环境教育和科普宣传投入，充分发挥保护区自然教育功能，利用旅游平台宣扬保护生态的重要性，寓教于乐，寓教于游。在保护区内设置与自然环境协调的科普宣传和自然教育解说牌，内容新颖。开展专题教育活动，让中小学生走进大自然，亲近大自然。

在这一时期，不断增加生态旅游新内涵，注重森林康养，打造森林康养休闲地，建立森林康养步道和自然教育小径。雾灵山已成功入选第一批"中国森林氧吧"，充分发挥"森林氧吧"作用，引进森林瑜伽，充分发挥健康养生作用，不断开发生态旅游和自然教育新产品。

（四）开展自然教育的实践

1. 建立以自然体验、自然教育为主的生态步道

建立了雾灵山自然保护区解说系统，建成了用于生态文化宣传、展示生态文明成果的科普教育基地和生态博物馆，制作了生态科普宣传手册。修建了与自然环境相协调的体验步道，包括健康养生、自然教育、森林体验、科普宣传等多条对公众开放的专题线路，并设立了与之相适应的解说标牌，使人进入保护区即感到浓郁的生态文化和健康养生氛围。

2. 打造富有雾灵山特色的自然教育活动

（1）林地漫步、森林瑜伽、森林太极等森林运动养生体验。在森林内，依托森林生态系统和森林生态多样性景观，以奇石和林木为主，建立特定情境化设施。增设游憩节点和旅游观景台，进行林地漫步、森林太极、森林瑜伽等养生体验，获得精神上的愉悦和身体上的放松。

（2）森林负氧离子浴体验活动。优良的空气质量具有较强的吸引力，保护区的森林环境中负氧离子浓度较高，开辟专门的森林负氧离子呼吸区，融入一定的养生保健内涵，实现"热爱自然、康体养生"。

（3）环境教育体验活动。向大众特别是中小学生展示优良生态环境，提供环境教育，开展夏令营活动。内容包括：观看雾灵山专题片，专业介绍雾灵山自然保护区的地质地貌、气候水文、土壤岩石、历史沿革、发展现状、自然资源等基本情况。

（4）生态文化与生态文明教育体验。带领社区学校的师生，走进雾灵山接受生态文明教育。连续多年与社区小学联合举办生态文明教育活动，引导师生参观雾灵山保护区，通过现场的场景教育，结合亲身体验，引导中小学生们热爱自然、保护自然、宣传自然，宣传生态文明。

（5）识花认果与春华秋实自然体验。让孩子们走进雾灵山，认识野花野果，了解雾灵山美丽秋色的成因，切实感受并理解"春华秋实"的真正含义。

（6）生态摄影体验活动。雾灵山以秀丽的自然山水、巍峨的奇峰峻岭、变幻莫测的气象景观构成独具特色的自然景观，成为摄影的胜地。为培养学生用影像记录体验和谐的自然生态，与中国野生动物保护协会保护区委员会合作，组织北京联合大学进行生态摄影，用光影解说自然。

自然教育是自然保护区的重要职能，是自然保护区的历史使命。自然教育也是促进自然保护区发展的社会动力。

衡水湖自然保护区开展自然体验活动的思考

刘振杰

（河北衡水湖国家级自然保护区　河北　衡水 053000）

夏季的衡水湖生机勃勃，凤头䴙䴘带着小宝宝在水面上自由游弋，天空中不时有苍鹭、白鹭等飞过，鲜翠欲滴的荷花亭亭玉立，一阵阵凉爽的风从湖面上吹过，梅花岛上参加亲子游的几个家庭，好奇地观察着挂在树干上蝉蜕变后留下的壳，通过望远镜认真寻找着搭在树冠上鸟巢中的鸟儿，用心思考着如何用最合适的肢体语言把要表达的环保术语表演出来，开心地做着蝙蝠和蛾子的游戏，孩子们的天真无邪、家长们的自由放松、导游们的精心准备让整个活动顺畅自如，衡水湖自然体验亲子游活动经过近一年的筹备终于于2019年6月开始接受实践的检验了。

一、衡水湖保护区开展自然体验活动的契机

河北衡水湖国家级自然保护区是华北平原唯一保持完整的内陆淡水湿地生态系统，生物多样性丰富，特别是鸟类资源非常独特，有324种鸟类，且位于京津冀世界级大城市群，交通便利，具有开展自然体验活动得天独厚的资源禀赋。近年来，我国各地的环境教育、自然教育如雨后春笋般蓬勃发展，衡水湖自然保护区该如何做、做什么才能更好担当起向社会传播生态文明理念、推广可持续发展教育、推动实现人与自然的和谐发展一直是我们思考的课题。中德财政合作衡水湖湿地保护管理可持续教育项目（以下简称ESD项目）的实施为我们提供了一个良好契机，使自然体验、可持

续发展教育的理念逐渐在衡水湖国家级自然保护区生根发芽。

二、衡水湖保护区开展自然体验教育的原则

2018年1月，ESD项目的国内外专家通过在衡水湖进行实地考察和交流，借鉴国际上先进的ESD理念，将衡水湖开展自然体验教育的原则定为：运用亲近自然、对自然友好的方法，推动衡水湖保护发展转向可持续的模式，以维护衡水湖宝贵的生物多样性和生态功能。即通过深化游客和本地居民对湿地和湖泊生态系统服务功能和生态友好行动的认识，形成对湿地保育和可持续发展的、低碳的生活方式的积极态度和实践。

三、自然体验活动从谋划到落地五步骤

衡水湖保护区的自然体验活动从酝酿到真正落地实施经历了一个漫长的孵化过程。

第一，对导游队伍进行全面培训。通过国内外专家室内和户外相结合的多次培训，导游们基本掌握了湿地、生态系统等专有名词的含义及衡水湖的历史人文、鸟类和植物资源，同时让导游们了解自然体验、可持续发展教育的概念及意义，从内心感受到环境保护和我们人类发展的息息相关。每个人都因知识的增长而自信起来。第二，理论与实践相结合，促使导游们的学习由被动变主动。导游们把每次培训学到的知识，及时应用到日常的每一次带团过程中，她们的讲解越来越吸引游客，从而使导游们的自信心越来越高，导游工作的价值和重要性也日益呈现，这也让导游们重新认识了她们的工作，激发了她们主动学习的积极性。第三，根据衡水湖自然保护区的实际情况选择适合开展自然体验的路线。统筹考虑安全、便捷、趣味、景观、季节等因素后，初步选择了衡水湖梅花岛、湿地公园、小湖隔堤三条自然体验线路，进行实测。确定重要讲解节点、核心知识点及开展活动的注意事项，特别是用心观察每条线路上不同季节的鸟类、昆虫和植物等的变化，反复讨论及检测每条线路的讲解词，做到心中有数。第四，实地考核演练，不断提升。组织导游人员在不同的线路上进行实地考核，在每一次的实测中，

导游轮流讲解，相互观摩，专家讲评，最后认真交流体会。经过了亲身实践、用心反思后，专家的点评才更加入脑入心，掌控能力也不断提高。第五，勇于开展自然体验活动。2019 年 6 月 12 日贵阳为民国际学校师生 323 人、6 月 22 日石家庄妇女儿童中心组织 45 个亲子家庭来衡水湖进行的两次研学游活动中，导游们积极将自然体验的理念运用到其中，颇受学校、老师、家长和孩子们的欢迎。从此，自然体验活动正式开启。

四、每次自然体验教育都带来不一样的感受

通过开展自然体验教育发现每次活动因参加体验的群体不同，我们获得的感受也不同，高中生，初中生，小学高年级、低年级及学前孩童的需求各不相同。比如，高中生因平时繁重的学业，来到自然中倾听冥想会让他们感到非常的放松和惬意，再加上一些具有知识性、趣味性的游戏活动，一次轻松快乐的自然体验活动便会给他们留下深刻的印象。学生们在体验结束后，感叹"闭上眼睛，真正聆听大自然的声音，那一刻真的是心静如水，一切如童话般美好""闭目静听，感自然万物之声，轻风拂面，叹自然之柔，沉浸式学习带来不一样的收获""闭上眼睛，仔细倾听美好，仔细享受自然。去和自然有一次心的接触，满满是对自然的热爱与生命的感知"。

亲子游活动中不同的家长，因其知识背景、生活经历的不同其需求也是众口难调，就要找他们关注的共同点，那就是让每个家长在体验活动中把重点放在认真观察孩子上，比如孩子在参加活动中的表现，是否与家长平日的印象不同？是否在活动中发现了孩子的闪光点或不足？有的家长感慨，平日的工作过于繁忙，忽略了孩子的存在；有的家长则发现平日在他们心中很一般的孩子，在活动中表现得很出色，让他们刮目相看。亲子活动既可以增加家长与孩子的感情共鸣，又可相互促进，共同成长。只有认真分析、有的放矢，自然体验活动的效果才会更好。

衡水湖保护区的自然体验活动刚刚迈出第一步，还需要我们在前进的道路上不断探索。

秦皇岛市多措并举推进小学森林生态科普教育工作

徐登华 李德成 赵 潇 王万许 李爱民
（秦皇岛市林业局 河北 秦皇岛 066000）

2016年以来，秦皇岛市林业局坚持以习近平新时代中国特色社会主义思想为指引，以提高青少年综合素质教育为基础，以推进生态立市战略为目标，以传播森林文化知识和生态文明理念为任务，以校内教学和校外实践为手段，在全市中小学校开展森林生态科普教育活动，培养青少年森林文化、湿地保护、野生动植物保护知识，让中小学生和广大群众保护湿地、野生动植物成为自觉行动，促进人与自然和谐相处。

一、科学制订方案

2018年，秦皇岛市林业局、市教育局、市关心下一代工作委员会、市科学技术局、秦皇岛市科学技术协会、市观（爱）鸟协会联合印发《秦皇岛市青少年森林生态科普学校创建方案的通知》，组织开展生态科普学校和科普基地创建工作，秦皇岛市投资130万元，创建27所青少年森林生态科普学校和4个基地，其中：建设高标准示范学校10个，每个投资5万元；建设17所一般科普学校，每个投资3万元；其余用于科普基地建设。

二、设置科普展室

秦皇岛市建设海港区文化里小学、北戴河区育花路小学、抚宁区金山学校等 27 所科普学校，每所学校建立一个不少于 40 平方米的科普教育展览室，配置触摸屏电视电脑教学一体机，电子教学设备资料，森林生态科普教材，森林、湿地、鸟类以及野生动植物知识展板等设施设备及教材资料。每个学校确定 2 名以上年轻有为、责任心强、教学能力高的教师负责开展森林生态科普教学活动，每学期开展科普教育课程 17 节。

三、建设科普基地

秦皇岛市林业局组织建设四个科普教育基地，四大基地配备全套外出教学、实践、调研活动的设备、器材，免费为师生提供教学、实践、调研活动的资源。依托四个生态科普教育基地积极开展以鸟类科普知识、植物科普、森林文化和湿地等为主题的科普教育活动，引导青少年树立正确的自然观、价值观，提升市民保护生态环境的意识，营造有利于生态建设的良好社会氛围。森林生态科普基地设置各类科普宣传栏（牌）和二维码科普牌，二维码科普牌信息包含了动植物的中文名、学名、科属、识别特征（简要介绍）、花果期、用途（简要介绍）、管护单位、时间等，并以松紧适中的弹簧条悬挂在对应乔灌木的树干上，既未阻碍植物正常生长，也向广大市民群众图文并茂地普及了森林生态文化。

（一）北戴河国家湿地公园森林生态科普基地

2017 年初成为中国林学会林业科普基地，11 月正式挂牌成为环保部（现生态环境部）宣教中心自然学校援建单位之一。针对不同受众群体，已形成了"生态篇""鸟类篇""植物篇"三大模块系列环境教育活动，同时开展了认知调查、作品征集等多种形式的活动，取得了良好的社会科普宣教效果。

（二）海滨国家森林公园森林生态科普基地

布设展厅、设置树木二维码 1300 块，基地展示沿海防护林、生态防护林及公益林景观，开展森林科普教育，使公众了解森林具有调节气候、涵养水分、保持水土、防风固沙、保存生物物种、维护生态平衡及生物多样性等重要作用，培养小学生保护森林资源的意识。

（三）北戴河鸟类救护中心森林生态科普基地

建设观鸟亭、观鸟长廊，为小学生近距离观测鸟类活动提供了一个重要场所和平台。布设鸟类照片标牌、鸟类标本为小学生科普生理特征、分布情况、进化历史、分类、繁殖、食性、群居动态等鸟类知识，培养小学生爱鸟护鸟意识。

（四）兔耳山森林生态科普基地

依托兔耳山丰富的森林资源，打造了以油松、柞树等树种为主的山地森林生态文化科普基地。2017年在兔耳山进行了天路建设，完善了生态文化基础设施建设，增强了生态文化宣教服务水平，优化了生态文化载体布局，为人们了解森林、认识生态、探索山地森林生物多样性提供了场所。

四、组织教师培训

2019年5月16日，秦皇岛市林业局、市教育局、市关心下一代工作委员会联合举办秦皇岛市森林生态科普学校教师培训交流活动。邀请中国观鸟会付建平老师讲授北京燕及雨燕调查与保护、环境教育游戏、燕子迁徙、栖息地意义；北京师范大学博士阙品甲讲授渤海湿地生态状况与资源变化情况；湖北京山市教育局张玉老师讲授如何在中小学开展观鸟活动及生态教育；北京市教育局梁烜老师讲授中小学自然生态保护活动的设计与实施；国际鹤类基金会胡雅滨老师讲授鹤类迁徙路线上的环境教育；山东省东营市胜利锦华小学邢红明老师讲授如何引领学生开展生态科普教育活动及东营市中小学开展鸟类调查情况；英国鸟类学者马丁·威廉姆斯讲述30余年前来北戴河观鸟的趣事，分享他在世界各国所看到的生态科普知识；瑞典鸟类环志专家布·彼得森先生介绍了国外开展生态保护教育的经验与做法。培训交流活动为期两天，通过现场授课教学、分享交流、游戏体验等多种方式，培训27所生态科普学校的教师和工作人员共70人次，培训效果良好。

五、编写科普教材

根据《秦皇岛市青少年森林生态科普学校创建方案》要求,培养青少年热爱自然、保护生态的意识,传播生态文明理念和森林文化知识,增强青少年关注森林、保护森林、建设森林的责任感,秦皇岛市聘请高校教师和摄影爱好者等编写《我的第一本自然成长记录》。该书通俗易懂,图文并茂,从森林、湿地、鸟类三个方面向青少年介绍了生态科普知识,秦皇岛市山水相依、森林与湿地并存、野生动植物丰富的现状,丰富了青少年的课堂生活。此外还制作了林业科普、林业法律法规等相关宣传资料,共发放 5600 余册,为开展宣传活动提供了资料保障。

六、开展科普活动

结合"创森"工作的开展,秦皇岛市共举办生态科普活动 59 次,其中:2016 年举办 14 次,2017 年 16 次,2018 年 14 次,2019 年 15 次。

2019 年 4 月开始,文化里小学开展"知燕 寻燕 护燕"小手拉大手森林生态保护行动,白塔岭小学开展"观鸟爱鸟,与我同行"燕子调查活动,海港区耀华小学开展"保护鸟类、回归自然"燕子调查活动,抚宁金山学校开展"燕子调查、金山少年在行动",全市 27 所森林生态科普学校相继组织开展家燕调查。先通过老师课堂讲解家燕的外形特征、生境、分布等知识,然后在老师的带领下,走进秦皇岛市街道、田野,用观察日记、自然笔记等形式,记录下家燕的外形、生境和筑巢、孵化、育雏、集群的生活过程。同学们表现出浓厚兴趣。

2019 年 10 月 26 日,以"鹤舞海天·共享家园"为主题的 2019 秦皇岛观鹤节暨自然嘉年华活动在鸟类博物馆启动,活动为期 30 天,观测到白鹤、丹顶鹤、灰鹤、白头鹤、白枕鹤、沙丘鹤 6 种鹤类。海港区教育局、北戴河区满天星鸟类科普基地先后组织 15 所中小学校师生走进沿海湿地参与观鸟活动,共有 6000 余名当地师生、市民参加观鹤、湿地观鸟活动,大家自觉加入森林、湿地、鸟类与生态环境保护的事业中来。

2019年10月，依托2019秦皇岛观鹤节暨自然嘉年华活动，在鸽子窝公园开展鸟类放飞活动，志愿者将北戴河鸟类救护中心成功救助并已完全恢复健康的丹顶鹤、灰鹤、红隼等29只国家一、二级重点保护鸟类放归自然。自2016年以来，秦皇岛市已开展了15次野生鸟类救护、放飞活动，邀请主要领导和小学生参与放飞活动，有6000多人次参与。

北戴河湿地公园开展第三季"湿地情，稻花香"主题志愿者家庭日活动、秋天的律动第四季植物篇——植物的奥秘、"春种秋收"主题插秧活动，通过体验探寻、亲身观察、互动游戏、绘制记录和实地讲解等多种形式（如小小农夫），带领孩子们发现植物中的奥秘，体验亲近自然的乐趣。

七、科普学校案例

（一）自然教育资源

秦皇岛被誉为中国观鸟之都，是东北亚—澳大利西亚候鸟迁徙通道上的一个重要驿站，全市共有鸟类23目81科524种，其中非雀形目鸟类294种，雀形目鸟类230种，被世界观鸟爱好者视作观鸟的"麦加"。秦皇岛市珍稀鸟类中，被列入《濒危野生动植物种国际贸易公约》的有14种。全市植物共有138科1323种，以菊科、禾本科、蔷薇科和豆科为主，具有典型的暖温带植物区系的特点。

（二）课程目标

以校内教学和校外实践相结合的方式，开展自然教育活动，丰富中小学生的知识体系，向中小学生传播关爱森林、保护湿地、爱护野生动植物知识，普及森林文化知识，传播生态文明理念。

（三）课程设计

依托四个森林生态科普教育基地、校园、社区开展校园自然教育，让中小学生了解森林、湿地、野生动植物知识，开展教育活动。

（四）文化里小学五年级生态科普课程——以鸟类系列教育为例

1. 知识目标

在秋季鸟类迁徙时，从观察鸟类的特征中，更深入地探究北戴河的特有海鸥。

进一步观察并学会辨识长腿的红脚鹬、长嘴的苍鹭、逐浪的海鸥等北戴河特有鸟类。

从北戴河的众多鸟种中，认识生态多样性环境的重要性，珍惜大自然多样化的资源。

2. 能力目标

（1）学习望远镜的正确操作方法，能用望远镜观察鸟类。

（2）通过查阅《中国鸟类野外手册》和《河北鸟类图鉴》，辨识出鸟种或列出可能的种类。

3. 情感目标

（1）认识生态多样性环境的重要和保护栖息地的重要性。

（2）认识北戴河常见鸟类，开阔视野。

4. 教学场所

北戴河湿地。

5. 教学资源

至少两名指导老师，行进时一前一后保证学生安全。望远镜、《中国鸟类野外手册》或《河北鸟类图鉴》、笔记本、笔、绳子、相机。

6. 教学时长

2~3小时。

7. 课前准备

老师：提前一天踩点，准备游戏用具；学生：预习北戴河常见鸟类。

8. 教学过程

（1）激发热情：看图识鸟游戏，老师手持各种北戴河湿地常见鸟类卡片，同学3~4人为一组，抢答卡片上鸟类的名字，答对得2分，答错不扣分，分数高者获得胜利。本游戏是为了激发同学们的学习热情，检查同学们预习北戴河湿地常见鸟类情况。

（2）集中精神：学习使用望远镜，老师示范教学，同学们实施操作。最终同学们学习望远镜的正确操作方法，能用望远镜观察鸟类。

（3）自然体验：去北戴河湿地观鸟。老师带领同学进入北戴河湿地公园，通过体型大小、羽毛颜色、典型识别特征观察花田鸡、北长尾山雀、美洲金鸻、费氏鸥、红颈瓣蹼鹬、红脚鹬、苍鹭、海鸥等北戴河常见鸟类。同学们可通过自然笔记绘制记录观察到的鸟类。

（4）分享体验：同学们分享观察到的鸟类，描述其外形特征、观察感受。同学们从北戴河的众多鸟种中，认识生态多样性环境的重要性，珍惜大自然多样化的资源，保护森林、湿地、动植物资源。

我们为什么要在衡水湖开展自然教育

屈 月[1] 王金旭[1] 刘振杰[2] 李思思[3]
(1.衡水滨湖旅游有限公司　河北　衡水 053000；
2.衡水湖滨湖新区管理委员会　河北　衡水 053000；
3.衡水学院生命科学学院　河北　衡水 053000)

一、自然教育的兴起

本世纪初,源于儿童"自然缺失症"这一概念的提出,国内自然教育兴起。美国作家理查德·洛夫指出:"孩子就像需要睡眠和食物一样,需要和自然的接触"[1]。自然缺失症概念的提出让人们逐渐意识到青少年与自然的关系越来越远。尤其是城市青少年与大自然的割裂,越来越少的自然体验,将会对未来社会产生深远的影响,不仅仅是对未来一代身心健康的影响,同时也将对整个地球的生态环境产生巨大的影响。现实生活中,"自然缺失症"人群已经从儿童扩展到了成人[2]。

我国自然教育的理念与传统道家思想存在一脉相承的关系,老子提出:"人法地,地法天,天法道,道法自然",是指效法自然、遵循自然之道,万事万物的运行都是遵守自然规律的,人和自然在本质上是相同的,故一切人事均应遵循自然规律,回归自然本性,才能实现人与自然和谐相处[3]。

面对日益严重的生态环境问题,我们应该不断反思,人类的未来在哪里? 我们应该如何协调经济—社会—自然之间的关系,以实现人类社会的可持续发展? 党的十八大以来,我国提出生态文明建设,目标就是实现人与自然之间的和谐。

自然教育是一种自然而然的教育，旨在引导公众走进自然、体验自然，培养并树立热爱自然、尊重自然的生态观，同时通过系统的科学方法，发展可持续的理念与行为。从教育形式上说，自然教育，是以自然为师的教育形式。人，只是作为媒介存在[4]。

二、衡水湖国家级自然保护区

衡水湖作为华北平原最大的内陆淡水湖，具有良好的湿地生态系统，是华北平原上唯一一个保持比较完整的内陆淡水生态湿地系统。享有"京津冀最美湿地"和"京南第一湖"等诸多美誉。衡水湖自然保护区总面积163.65平方公里，其中水域面积75平方公里，最大蓄水量为1.88亿立方米[5]。衡水湖有丰富的生物多样性。目前，在衡水湖湿地记录植物584种，动物1007种，鱼类34种，鸟类324种，被称作"物种基因库"，对于保护物种、维持生物多样性具有难以替代的生态价值。

衡水湖有诸多丰富的资源和地域优势[6]。衡水湖湿地为华北平原最典型、最完整、最稀有和最具代表性的淡水湖泊湿地，独特的自然环境和优越的湿地生态，对于周边地区生态平衡和社会经济的发展具有重要作用。

衡水湖还位于鸟类迁徙的八条线路中的第五条东亚—澳大利西亚鸟类迁徙路线上，是鸟类迁徙途中的重要停歇点，又为鸟类提供了丰富的食物来源和营巢避敌的良好条件。鸟类专家在衡水湖偶遇到了青头潜鸭。青头潜鸭作为全球濒危物种，全球一共不到1000只，在2017年3月，鸟类专家在衡水湖观测到了308只。目前，衡水湖正积极申请加入国际重要湿地，不断改善衡水湖的湿地生态状况，为青头潜鸭等鸟类提供更加良好的栖息环境。

三、衡水湖开展自然教育的目标及意义

2019年4月，国家林业和草原局发布了《关于充分发挥各类自然保护地社会功能大力开展自然教育工作的通知》，提出各类自然保护地要强化自然教育功能，做好统筹规划、组织领导，加强自然保护地基础建设，全

面提升湿地等自然教育服务能力[7]。衡水湖自然保护区作为华北内陆优质的淡水湿地生态系统，应该积极承担起社会服务功能，开展自然教育，实践生态文明。

近年来，随着当地政府和民众生态意识不断增强，衡水湖的生态环境得到较大修复。在中德财政合作项目的支持下，我们在衡水湖开展自然教育，将把这里作为本地区第一个生态文明实践基地，邀请更多人走进湿地、亲近自然，同时依靠衡水湖丰富的野生动植物资源和当地浓厚的人文历史，向更多民众科普自然生态知识，在大自然中实现对人的教育，让生态文明思想转化为可持续的行为，实现经济—社会—自然三个目标的和谐统一。

衡水湖生态文明实践基地将会成为衡水市生态文明建设的第一站，我们会以此为跳板，在开展湿地自然教育的同时，在全社会特别是青少年心中播撒生态文明的种子，今后在城市公园、社区花园、乡间学校等更多人类活动所及的地方开展自然教育，助推地方生态文明建设。

附：

湿地自然教育活动案例

1. 活动主题
蜻蜓姐姐和豆娘妹妹。

2. 活动目标
（1）初步了解蜻蜓与豆娘的生物学特征、生长过程、在湿地生态系统中的作用，掌握如何区分蜻蜓与豆娘。

（2）引导孩子用多种感官，去感受蜻蜓和豆娘的幼虫，激发孩子们对水下世界的探索。树立保护蜻蜓、爱护湿地的生态观念。

3. 活动流程
（1）带孩子去户外的捕捞点捕捞蜻蜓和豆娘的幼虫，引导孩子仔细观察蜻蜓和豆娘幼虫，总结出两者的区别。观察后请孩子用图文并茂的方式进行观察记录，完成自然笔记。

（2）针对如何保护蜻蜓、爱护湿地，展开小组内的讨论，并进行分享。

4. 受众年龄

7~9 岁儿童和家长。

5. 参与人数

10 组亲子家庭（约 20 人）。

6. 活动场地

室内 + 户外。

7. 所需材料

影音教室，投影仪，电脑，彩纸，马克笔，小夹子，放大镜（5 个），密眼抄网（5 个），观察盘（5 个），清水瓶（5 个），镊子（5 个），自然物小奖品。

8. 具体过程

时长	活动流程内容	场地材料
8:30~9:00 (30 分钟)	室内观看蜻蜓成长的图片和视频资料	影音教室,投影仪,电脑,相关资料(视频以及图片等)
9:00~9:30 (30 分钟)	室外进行起自然名的破冰小活动	彩纸(可以剪成动植物的样子),马克笔,小夹子(尽可能选用环保材质)
9:30~10:30 (60 分钟)	户外实践,前往指定地点进行捕捞活动	放大镜(5个),密眼抄网(5个),观察盘(5个),清水(5瓶),镊子(5个)
10:30~11:00 (30 分钟)	蜻蜓捕食游戏	地点选择相对平坦开阔的地方

（1）集合整队时，宣布户外活动的注意事项等。

（2）室内观看蜻蜓成长的图片和视频资料，初步了解蜻蜓和豆娘的生长过程和外形特点，为户外观察做准备。

（3）在室外进行自然名破冰游戏。

目的：集中注意力，记下别人的自然名。快速认识对方。

步骤：①每个人用声音和动作来模仿自己的自然名，然后自我介绍，为什么要叫这个名字。②当每个人介绍完毕后，老师指一名学生，大家一起说出这个学生的名字，并做相应的动作和声音。③最后把写有自己自然名的纸片用小夹子夹在衣服上，并请学生和家长在本次活动结束前都用自然名称呼对方。④1、2、3、4、5报数，数字相同的家庭为一组。

（4）前往指定场域进行捕捞活动，实地观察蜻蜓与豆娘幼虫的生长环境。

目的：①认识蜻蜓与豆娘幼虫。②培养学生的自我动手和观察能力。③激发学生对大自然的兴趣，促进亲子互动。

步骤：①每组选派队员领取活动所需工具。每组一个密眼抄网、观察盘、清水、镊子等工具。②再次提醒大家注意安全，必要时家长可以帮助学生捕捞。③把捕捞上来的幼虫放到观察盘中，用清水稀释泥沙，用放大镜观察。④老师、学生和家长一起近距离观察蜻蜓和豆娘的幼虫。看看他们是什么样子？蜻蜓的幼虫尾巴有几瓣？蜻蜓幼虫生活在水里用什么呼吸？蜻蜓和豆娘长大为什么又会飞了呢？⑤观察完以后，在不伤害幼虫的情况下，请送它们"回家"，即在哪儿捕捞的就放回到哪儿去。

（5）蜻蜓捕食游戏。

目的：①增进亲子互动。②了解蜻蜓在维持生态平衡中的重要性。

步骤：①学生和家长手拉手围成一个圈。②一名学生扮演蜻蜓，其他人员扮演蚊子。③蜻蜓和蜻蜓碰到变成蚊子（生物之间的优胜劣汰），蚊子和蚊子碰到没事，蚊子碰到蜻蜓变成蜻蜓（蚊子也可以变成其他蜻蜓的食物，蚊子被蜻蜓吃掉了）。

（6）活动后的分享。

目的：①锻炼孩子公开表达的勇气。②交换想法，发散思维，构建生态联系。

步骤：①请所有人依次分享本次活动的感受。②你有哪些收获，这些对我们的生活有什么帮助。

9. 活动成效评估

本次活动选择了学生们喜欢的户外捕捞为主题，符合学生们的兴趣，提高了学生们的积极性和参与度。近距离地接触大自然，激发了学生对大自然的兴趣，热爱大自然，保护大自然。活动全程注重家长的参与和陪伴，更好地体现了亲子互动，为活动的开展奠定了很好的基础。

10. 风险分析

安全是活动的重中之重，因为活动地点靠近水边，活动中一定要提醒家长注意学生的安全。为参加活动的孩子购买人身意外险。

参考文献

[1] 理查德洛夫. 林间最后的小孩：拯救自然缺失症儿童［M］. 自然之友，译. 长沙：湖南科学技术出版社，2010.
[2] 彭迪. "绿色课堂"带领你我畅想绿色未来［J］. 社会与公益，2012（8）：64–66.
[3] 苏培君. 试论老子的生态智慧及其现代启示［J］. 南京林业大学学报（人文社会科学版），2014，14（2）：9–14.
[4] 章雪富. 生活在自然的年轮之中：关于环境教育的哲学思考［J］. 环境教育，2016（10）：28–30.
[5] 张学知. 衡水湖湿地生物多样性功能评价［J］. 南水北调与水利科技，2011，9（1）：110–112，155.
[6] 石宝军，李兴光. 衡水湖湿地生态资源可持续发展研究［J］. 衡水学院学报，2012，14（1）：5–7.
[7] 国家林业和草原局. 关于充分发挥各类自然保护地社会功能大力开展自然教育工作的通知［Z］. 2019.

浅谈河北柳江盆地地质遗迹保护区的自然教育功能

路大宽

（河北柳江盆地质遗迹国家级自然保护区管理服务中心

河北　秦皇岛 066000）

河北省秦皇岛柳江盆地珍藏着丰富且珍贵的地质遗迹资源，享有"天然地质博物馆"的美誉，是中国北方重要的地质教学实习基地，平均每年有八十余所高校近两万名师生在此开展野外教学实践活动。与中国地质大学（北京）、东北石油大学、西北大学等众多高校签订了教学实践合作协议，许多院校在此建立了实验室、观测设备等科研设施。近年来，柳江盆地地质遗迹自然保护区立足野外教学实践资源优势，加大了地学自然教育工作力度，取得了明显的成效。

柳江保护区先后被命名为秦皇岛市科普教育基地、秦皇岛市公民科学素质教育示范单位、河北省公民科学素质教育基地、河北省科普示范基地（首批）、国土资源科普基地、全国科普教育基地和全国中小学研学实践教育基地，在 2019 年底被中共河北省委宣传部、河北省科学技术协会、河北省教育厅、河北省科学技术厅等六部门评为"全国科普日优秀组织单位"，保护区在提高全民科学素质，促进生态文明建设方面发挥积极作用，为柳江盆地地质遗迹资源的保护和利用做出了应有的贡献。

一、柳江盆地具有自然教育的资源优势

柳江盆地位于秦皇岛市以北的燕山山脉东段与华北平原区接壤的区域。地理坐标为东经119°30′00″—119°40′00″、北纬40°02′00—40°14′00″，大部分属海港区石门寨镇和驻操营镇管辖，长城以外地区属青龙县。柳江盆地南北长约20公里，东西宽约12公里，面积约240平方公里。地势北高南低，西高东低，整体呈南北向簸箕状。北、东、西三面为陡峻的丛山所包围，它东以长城和辽宁相接，西和祖山相连，北到板厂峪的九道缸瀑布，仅南面开口，与渤海相望。

柳江盆地保护区是集遗迹保护、科学研究、实践教学、科普宣传于一体的地质遗迹类保护区，核心区域距市区约20公里，秦（秦皇岛）—青（青龙县）公路和地方旅游铁路贯穿盆地，交通便利。保护区由张岩子—东部落—潮水峪、砂锅店、亮甲山—欢喜岭—瓦家山、黑山窑—大洼山、鸡冠山、吴庄、山羊寨等七个分散的片区构成。涵盖了柳江盆地完整的地层剖面和典型地质构造及古生物化石遗迹区，其中国家级保护区域的面积为13.95平方公里。

（一）中国现代地质学发祥地

柳江盆地科研历史悠久，至今已近150年，早在1869年，36岁的德国地质学家李希霍芬就来到这里进行地质矿产调查工作。1919年，叶良辅、刘季辰在本区创立了堪称柳江盆地名片的"亮甲山石灰岩"（组级标准地层单位），1922年德国地质学家马底幼用"柳江煤系"一词包括了这里的石炭二叠系含煤地层。1959年全国第一届地层会议将"亮甲山石灰岩"改为"亮甲山组"，作为华北及东北南部地区奥陶系的基本地层单位之一，同时废弃了"柳江煤系"一名。柳江盆地作为我国规模最大的地学教学野外实习基地，迄今已有近百年的历史。1923年，北京大学地质系孙云铸老师带领学生到柳江盆地做毕业实习。这次实习，开创了柳江盆地地质野外实习的先河。1982年，在中国地质学会创会六十周年之际，新老地质学家们重新走进柳江盆地，重温我国地质学发展的光辉历程。1993年，新中国第一次承办的世界地质大会隆重召开，柳江盆地是与会地质学家们专门科考的路线之一，可见柳江盆地在地质学领域的国际地位。

（二）柳江盆地的地质特点

柳江盆地在 25 亿年以来的时空变幻、海陆变迁中，历经多次地质构造运动，清晰地保留着由吕梁运动、蓟县运动、加里东运动、海西运动、印支运动和燕山运动所形成的六大不整合面；清晰地保留着太古代、元古代、古生代、中生代、新生代的地质演化历史遗迹。真可谓是"弹丸之地，五代同堂"（区域范围小，地质年代全）。区内典型的地质构造和地貌形态丰富，从不同类型的断层到褶皱，从宏观构造到微观构造，应有尽有。

柳江盆地地质遗迹国家级自然保护区

柳江盆地的地质遗迹千姿百态、丰富多彩。这里有巍然壮观、震撼人心的石筒峡地区古火山口，有横亘在盆地南部边缘高大雄伟的黑山窑断层

285 背斜

欢喜岭球状风化

砂锅店岩溶地貌

吴庄垭口褶曲"九龙壁"

壁，有号称"九龙壁"的吴庄垭口褶曲岩层，有惟妙惟肖的沙河寨象鼻山，有南北对称的285背斜，有堪称"柳江名片"的亮甲山灰岩和岩墙、岩床，有河流侵蚀作用留下的大傍水离堆山，有花团锦簇一般的百印台球状风化，还有如同一面大鼓一样的南刁部落旋转构造。

（三）柳江盆地的遗迹价值

柳江盆地是中国华北地台25亿年以来地质演化的"窗口"，是一个"袖珍版"的华北板块。该区域地层发育完整，时代齐全，分布广泛。有24个组级地层单位，2个组级地层单位的建组剖面，本地区的亮甲山、黑山窑是我国北方早奥陶纪亮甲山组和晚三叠纪黑山窑的建组标准地点。从岩石类型看，自然出露多种类型的沉积岩、岩浆岩和变质岩，就是一个大"岩石博物馆"，对研究古地理、古气候、古环境具有特殊的意义。本地区沉积地层中古生物化石丰富，尤以寒武纪的三叶虫、奥陶纪的头足动物、石岩二叠纪和侏罗纪的古植物以及新生代的古脊椎动物化石最为著名，加之该地区蕴藏着丰富的矿产资源，长期以来被广大地质工作者誉为"地质百科全书""天然地质博物馆"。

■ 亮甲山组地层剖面

二、柳江保护区自然教育资源的管理建设

（一）自然教育基地的建设情况

为更好地发挥国家级自然保护区的自然教育功能，保护区管理中心在原煤炭管理干部学校旧址上规划建设了集教学实习、科学研究、科普展示于一体的综合性地学博览园。经省编办批准，成立河北柳江盆地地学实习基地管理服务中心负责博览园运行，核定编制6人，为财政零补助科级事业单位。该园区占地面积350亩，位于柳江盆地中心偏南，距市区约20公里，交通便利。秦皇岛柳江地学博览园由柳江地学实习基地、柳江地学博物馆、地质灾害（科普）体验馆和科普广场四部分组成。目前为柳江保护区重要的自然教育与研学科普平台。

秦皇岛柳江地学实习基地目前有教师公寓、学生食堂、教师餐厅、水房、浴室、超市等基础配套设施，可同时接纳1200多名师生开展教学活动。教室、实验室、报告厅等教学设施一应俱全。实习基地环境优美，设施完善，封闭管理。

秦皇岛柳江地学博物馆建筑面积3000平方米，由地球科学厅、柳江盆地地质遗迹厅、岩矿化石标本厅、秦皇岛国家地质公园景观厅、多媒体报告厅等五个单元组成。馆内运用图版、视频、模型、仿真场景、实物标本等手段，揭示了宇宙及太阳系、地球结构、地质作用、生物演化、柳江盆地海陆变迁及其宝贵的地质遗迹资源和秦皇岛美丽的地质自然景观，展示内容涵盖了地球科学、柳江瑰宝、岩矿化石标本赏析、秦皇岛地质风光等内容，富于科普教育和地学知识宣教功能，是融科学性、知识性、观赏性和趣味性为一体的地学博物馆。

地质灾害（科普）体验馆是由一座80余年历史的旧建筑改造而成，分为科普展厅和4D动感影院两部分。科普展厅介绍了地质灾害的种类、危害，及如何防灾、避险等科普常识；4D动感影院通过科普影片模拟了地震、火山、海啸、泥石流等地质灾害现象，使公众切身体验地质灾害的发生过程和严重的破坏程度。通过体验地质作用引发的各类地质灾害的巨大威力和破坏力，增强人们防灾减灾及保护自然环境的意识。

科普广场建设面积10000余平方米，由摇篮曲广场、地质遗迹微缩景观墙、标本广场三部分组成。以群雕、地质遗迹微缩景观墙、大型岩矿石标本展示的形式，展现柳江盆地在地球演化过程中由于地壳运动、岩浆活动、沉积环境变化作用而形成的各种典型地质现象景观和地质前辈们奉献于地质事业的工作场景。详细地介绍有关地学基础知识，展示各种地质遗迹资源的多样性和典型性。

柳江地学博览园科普广场

（二）自然教育队伍建设

自然教育事业的发展离不开科普人才的支撑，科普人才队伍建设是公民科学素质建设的关键性基础工作。柳江盆地地质遗迹保护区自然教育队伍主要是由保护区专业技术人员和柳江地学博览园工作人员组成，目前为6人，主要负责自然教育活动的组织和开展。为确保自然教育队伍的专业性，保护区借助高校教师资源的优势，与在柳江盆地实习的大学合作，聘请了一批专业水准高、业务能力强的专家、教授加入科普队伍，志愿者团队目前为10人。

同时，与当地国土、科协、教育等相关单位联系，建立了包括博士、高级工程师、中小学资深教师在内的专业自然教育队伍，涉及地质、地理、古生物、环保和教育等学科，由这个团队负责自然教育课程的设计与开发，以确保专业水准。定期或不定期地开展自然教育人才培训，通过学习交流提升工作人员自身综合素质，更好地为自然教育实践活动的开展提供人才保障，促使自然教育活动实践效果再上一个新的台阶。

（三）多元化的展现形式

地学类学科专业性强，不易理解，宣教起来较为枯燥，近年来保护区改变以往照本宣科、单一直线的说教方式，利用新媒体、新技术、新理念，结合受众群体的不同特点，增加科普内容的展现形式和手段，收到了良好的科学普及效果。

一是增加趣味性，对于中小学生群体来说科普内容的兴趣点是自然教育工作取得成效的关键，趣味性能增强对青少年群体的吸引力，是学生参与学习的内部驱动力。把深奥的地学知识以生动有趣的形式表达出来，更能激发青少年的探索兴趣。比如把地球的圈层结构知识以手工实验的形式直观演示出来，通俗易懂地区分地壳、地幔、地核、莫霍界面和古登堡界面等基础知识，中小学生群体更乐于接受。

二是增加互动性，要让社会大众尤其是学生不再是被动的知识接受者，而是主动地参与到自然教育活动中来，比如通过博物馆内的触摸屏可以进行天文地理知识互动问答，通过手中的岩矿化石标本卡片对照辨认实物标本，利用VR技术等手段来获取科普知识，一改传统说教的僵化模式，而是带着问题去学习，带着疑问去探究，极大地激发了受众的热情和兴趣。

三是增加体验性，体验式教学是让学生亲身感受到各种真实或模拟的地质地理现象，获得知识的一种教学方法。地学类体验式教学能够让学生深入理解地学知识的内涵和外延，融会贯通，举一反三。比如到野外走一条实习线路，当一天小小的地质学家，增加学生们的观察、分析、判断能力，培养科学思维和创造性，陶冶了学生探求知识，献身科学的高尚情操。

（四）自然教育课程的设计

根据《国家林业和草原局关于充分发挥各类自然保护地社会功能大力开展自然教育工作的通知》《关于推进中小学生研学旅行的意见》等文件要求，同时顺应"应试教育"向"素质教育"转变的趋势，管理中心精心组织、科学规划，针对中小学生设计了一套"走进地质百科全书——柳江盆地"的研学课程。

实施地点：秦皇岛柳江地学博览园。

课程目标：认识地球的发展，感受地球的变化，了解柳江盆地的地质演化，增强中小学生对大自然和人类社会的热爱，通过观察、讨论、互动和体验激发孩子们热爱地球、保护地质遗迹和生态环境的意识；同时具备认识三大岩类的能力，具备简单区别常见矿物与宝石的能力，具备地灾避险和简单自救的常识。

课程分为探秘地球、了解柳江盆地、岩石与矿物、互动与体验和专家答疑解惑等五大部分，共计九门课程，每门课程30分钟，结束后需完成研学手册内容。

第一部分：探秘地球

受众群体	课程内容(知识点)	课时	授课方式
小学	地球是如何诞生的；地球的邻居都有谁；月相的变化；二十四节气；塑造地球的神秘力量有哪些；地球日等知识点	2课时	一厅讲解；报告厅观看科普短片
初中	地球的圈层结构；板块运动；内外力地质作用；生物演化；塑造地球的力量	2课时	一厅讲解；报告厅观看科普短片
高中	内外力地质作用；地质构造；地质年代；火山、地震、大气、海洋对地球的影响	2课时	一厅讲解；报告厅观看科普短片

第二部分：了解柳江盆地

受众群体	课程内容(知识点)	课时	授课方式
小学	了解柳江盆地大致包含内容，为什么被誉为"天然地质博物馆"；秦皇岛地质风光	2课时	二厅讲解；四厅观看地质风光片
初中	了解柳江盆地地层；海陆变迁史；盆地内有哪些重要的地质瑰宝；秦皇岛地质风光	2课时	二厅讲解；四厅观看地质风光片
高中	了解柳江盆地六大不整合面；盆地的海陆变迁史；地质瑰宝；秦皇岛地质风光	2课时	二厅讲解；四厅观看地质风光片

第三部分：岩石与矿物

受众群体	课程内容(知识点)	课时	授课方式
小学	岩石三兄弟的概念及形成过程；相互关系；赏析矿物与宝石	2课时	观察、交流、区分岩石；三厅赏析
初中	三大岩类的概念、特征及相互关系；认识10种以上常见的矿物；简单区分宝石	2课时	交流、讨论，用放大镜观察岩矿标本
高中	区分三大岩类并熟知相互转换关系；认识20种以上常见的矿物；简单区分宝石	2课时	交流、讨论，用放大镜观察岩矿标本

第四部分：互动与体验

受众群体	课程内容(知识点)	课时	授课方式
小学	2部4D科普影片；地灾应急避险常识	2课时	体验；讲解、互动
初中	2部4D科普影片；地灾应急避险常识及自救演练	2课时	体验；讲解、互动、自救演练
高中	2部4D科普影片；地灾应急避险常识及自救演练；心肺复苏、伤口包扎等项目	2课时	体验；讲解、互动、自救演练

第五部分：专家答疑

1课时。邀请有地学背景的专家、学者现场答疑研学过程中难以解答的问题。根据受众学生接受能力，灵活掌握答疑深度，小学注重兴趣引导，中学注重知识点的融合，高中重点培养探究与发现问题的精神。

（五）自然教育活动的开展

近年来，保护区管理中心与当地企事业单位和教育部门建立固定联系，柳江盆地已成为社会公众及青少年获取自然科学、提高知识素养的"第二课堂"，帮助他们学习地球科学知识，了解我国资源、环境的基本国情，从小树立节约资源、保护环境的意识。经统计，2019年自然教育活动受益群体2万人次。

一是定期组织科普活动。利用"4·22世界地球日""世界环境日""全国科普日"等宣传日，围绕主题，悬挂宣传条幅，配备各种教学宣传工具和互动参与设备，印制主题海报、宣传折页等资料，结合柳江盆地地质特点开展科普宣传活动。

二是组织开展柳江"第二课堂"地学研学实践教育活动。目前编写出版了《走进地质百科全书——柳江盆地研学指导书》，制作了柳江盆地地层实物标本、岩矿卡片，购置了放大镜、偏光仪等研学配套设备。研学课程完成后下发教育部认证的研学证书，记录学分。此举措将会进一步推动基础教育中地理类、自然类等课程的深度延展和推广。柳江盆地校外第二课堂真正让学生走出去，在实践中增长知识，全面提升综合素质，开创出一套创新人才培养模式，有助于促进书本知识和实践能力的深度融合。

三是自然教育活动与高校实习相融合，扩大科普范围。每年八十多所院校近两万名师生来到柳江盆地开展教学实习,学校遍布全国各地,保护区借此机会,组织实习院校交流互动,开展科研和学术探讨,充分挖掘柳江盆地的科学内涵,提升保护区的自然教育功能。

四是党政机关与社区群众的科普宣传。加大日常现场保护宣传力度。在保护区内重要位置和关键地带,通过粘贴宣传画、悬挂宣传条幅、定期到社区开展科普讲座,向保护区当地政府和民众宣讲保护区科普常识和相关法规政策等方式,进一步提高公众遗迹资源保护意识。

五是以"互联网+科普"为突破口,大力推进新媒体在自然教育中的应用。利用微信公众号、网络直播等形式开展"科普微课堂""掌上博物馆""地学知识小竞赛"等自然教育活动,实现线上线下完美融合。特别是在新型冠状肺炎疫情期间,线上自然教育为居家隔离的学生们亲近大自然、探索宇宙奥秘、了解柳江盆地提供了学习平台。

三、结　语

自然教育工作是一项"功在当代,利在千秋"的社会公益性事业,河北柳江盆地地质遗迹国家级自然保护区无论从科普资源优势还是地理区位优势讲,都是一个较为理想的科普教育基地。今后将进一步完善基础设施,继续加强自然教育的软硬件投入,柳江盆地必将建设成为国内一流的自然教育科普研学基地,以让更多的人从自然教育中受益,更好地发挥保护地的自然教育功能。

高山上的圣洁勇士

——雪绒花

杨绣坤

(河北小五台山国家级自然保护区管理中心　河北　蔚县 075700)

小杨是河北小五台山国家级自然保护区管理中心的一名工作人员。最近她的儿子上钢琴课时新学了一首世界名曲《雪绒花》。儿子被这首曲子优美的旋律深深吸引，回家之后忍不住和妈妈分享。

儿子："妈妈，《雪绒花》这首曲子真好听！妈妈听过吗？"

妈妈："妈妈小时候也学过这首曲子，这是美国电影《音乐之声》里面的一段插曲，曲调非常优雅，妈妈也很喜欢。"

儿子："一听到这个名字，我脑海里就会浮现出一幅冬天白雪飘飘的景象。"

妈妈笑着说："儿子，雪绒花的花果期是 7—10 月，可不是冬天盛开的。"

儿子："雪绒花是一种什么样的植物呀？"

妈妈："雪绒花呀，它的正名叫火绒草，还有很多别名，比如老头草、薄雪草、老头艾、火艾等，它是一种菊科多年生草本植物，隶属于火绒草属。

儿子："雪绒花长什么样子呀？是不是像雪一样洁白？"

妈妈："雪绒花的植株呈灰白色，上部是亮白色柔毛。有少数苞叶，呈长圆形或线形，不形成明显苞叶群。头状花序大，呈伞房状。植株密集处从远处看好像一层薄雪，这大概就是人们叫它'雪绒花'的原因吧！"

儿子："那为什么它叫火绒草呢？火焰可不是白色的呀！"

妈妈："这是因为它的植株含水分较少，能够被用来引火，所以叫火绒草。草原上的牧民们会将花收集晒干保存为火引子。"

儿子："太神奇了！路边有火绒草吗？"

妈妈流露出自豪的神情，说："路边可没有，但妈妈工作的小五台山国家级自然保护区里有。保护区内山涧口、金河口、小五台南台等地海拔1400~1800米的山坡、草地、林缘、林下就生长着火绒草！"

儿子眼睛一亮："原来火绒草离我这么近！妈妈可以带我和我的小伙伴们去看看吗？"

妈妈："很抱歉，儿子，这个不行。妈妈工作的单位小五台山国家级自然保护区森林生态系统完整，保存了华北地区最完整的森林生态系统，是天然的物种基因库，具有丰富的生态内涵和优良的生态环境。为了更好地保护这里的资源和环境，同时为了预防森林火灾，保护区严格执行全年全域封山制度，无关人员是禁止入内的。"

儿子："好吧妈妈，那太可惜了。我还能去哪里看到火绒草呢？"

妈妈："火绒草通常生长在海拔1000~4500米的高山或亚高山草甸，多生长在山地灌丛、草坡以及林下。我国河南、山西、陕西、甘肃、湖北等地都有火绒草的身影，日本、朝鲜、俄罗斯、奥地利等国也分布着火绒草。我们蔚县的空中草原上也生长着火绒草，等周末的时候妈妈带你去见证它的风采！"

儿子眼睛一亮："哇噢！太棒啦！"

妈妈："在去之前，咱们先学习一篇散文——冯骥才先生写的《中国的雪绒花在哪里》。2003年8月，冯骥才先生在空中草原发现了遍地生长的雪绒花，满怀深情地在《人民日报》上发表了这篇散文。"

儿子："好啊妈妈，冯骥才先生笔下的雪绒花一定神采奕奕、令人向往！等我见到雪绒花后也要写下自己的心得。"

妈妈："儿子，要写一篇好的心得，我们是不是不能只了解火绒草的观赏价值呀？"

儿子："对对对，妈妈，我们还要发掘它更多的价值！"

妈妈："首先，火绒草有一定的药用价值，性寒，味微苦，实用性强，具有清热凉血、利水消肿、清除尿蛋白及血尿等功效，主治流行性感冒、急慢性肾炎、尿路感染、创伤出血等疾病，《本草纲目》《敦煌本藏医残卷》等书中均有记载；其次，因为它的精华成分蕴含丰富的矿物质，对皮肤具有舒缓、镇静、美白及滋养保护的作用，对于抵御皮肤衰老效果极佳，所以还是美容护肤的圣品。"

儿子："火绒草既漂亮又可入药，真是宝贝呀！妈妈看，冯骥才先生在这篇散文中提到，雪绒花是他在奥地利阿尔卑斯山的山村访问时收到的珍贵的礼物。"

妈妈："雪绒花在阿尔卑斯山脉中通常生长在海拔1700米以上非常少有的岩石地表上，极为稀少难得，是著名的高山花卉之一。从前，奥地利许多年轻人冒着生命危险，攀上陡峭的山崖，只为摘下一朵雪绒花献给自己的心上人，只有雪绒花才能代表为爱牺牲一切的决心。瑞士、奥地利都把雪绒花定为国花呢！"

儿子："噢，原来如此！怪不得冯骥才先生在空中草原看到雪绒花后那么震惊，原来我们身边就生长着别国的国花！我们是不是可以把雪绒花理解为勇敢、坚毅、圣洁的代言人了？"

妈妈："当然，雪绒花当之无愧是高山上的圣洁勇士！"

儿子："妈妈，我想学很多本领，长大了研究雪绒花。"

妈妈："好啊儿子！人类文明就是从植物学开始的，学习植物不仅可以拓宽知识面，还可以了解植物的生长特点及植物群落的特征变化，进一步分析植物与环境的关系，从而预测气候变化趋势。据不完全调查，小五台山自然保护区辖区总面积31138公顷内目前就分布着野生高等植物156科628属1637种，我们祖国960万平方公里的国土上的植物简直是数不胜数呀！"

儿子："对，妈妈，就像妈妈经常提起的'绿水青山就是金山银山'，只有学好本领，才能让我们的祖国更加繁荣昌盛！"

妈妈："不积跬步无以至千里，不积小流无以成江海。让我们从当下开始，从点滴做起！"

儿子:"好的妈妈!黑发不知勤学早,白发方悔读书迟!妈妈,那我们为雪绒花作一首打油诗好不好?"

妈妈:"小五台山风光旖旎,雪绒花开更添魅力。圣洁无瑕风中摇曳,高山勇士数她第一!"

妈妈、儿子:"哈哈哈!"

关爱自然,就要敬畏自然

仰素海

(河北小五台山国家级自然保护区管理中心 河北 蔚县 075700)

2020年世界环境日的主题是"关爱自然,刻不容缓"。近些年,"关爱自然"的呼声日益高涨,那么,什么是真正的关爱自然?而天天倡导的"人与自然和谐共处",究竟有多少人深层次地理解"和谐"一词,又有多少人知道作为一个普通公民怎样做到维护和谐。我从事自然保护工作多年,下面从保护野生动植物的话题,来进行浅显的科普。

一、野生动植物给了我们什么?

形形色色的野生动植物组成了森林、草原,靓丽了天空,丰富了溪流、江河、湖泊和海洋,与我们人类组成了休戚相关的生命共同体。仅以小五台山为例讲讲野生动植物给了我们什么?

小五台山茂密的森林和丰富的动植物资源,是京津地区重要的生态屏障,直接关系着京津的生态安全。这些茂密的森林可分泌萜烯类等杀菌素,形成了整个芬多精环境,这些芬多精是天赐的"森林医生",是植物的杀菌素,给人类带来全新的净化体验。小五台山多年的资源保护,形成了生机勃勃、绿意盎然的原生态环境,每年释放氧气数以万吨;近年来自然环境问题越来越突出,雾霾事件引起全社会的广泛关注,小五台山的森林对当地乃至北京地区 $PM_{2.5}$ 颗粒物起到重要的生态调控作用;负氧离子被称为"空气维生素""长寿素",已被科学研究证实对环境和人体有极其显著的益处和功效，小五台山的空气负氧离子含量高达每立方厘米数万个，是京津冀地区名副其实的"中国森林氧吧"。

（1）给了我们甘甜醇美的水源。小五台山茂密的森林涵养了大量优质水资源，据不完全测算，小五台山每年涵养水源2300多万立方米，不但保证了小五台山周边林区充足的生产生活用水，还为京津地区提供了甘甜醇美的水源。据统计，可为周边各县市提供约19亿立方米的优质水资源，水源涵养能力和水资源承载能力远大于保护区本身的价值。

（2）给了我们天蓝云白的晴空。小五台山高大起伏的山峦和茂密的森林，阻挡着来自张家口坝上地区的风沙，小五台山年吸附沙尘可达数十万吨，大大地改善了当地及京津地区的生态环境，减少和避免了沙尘的危害，给了我们一个靓丽的天空。

（3）给了我们尽情呼吸的自由。小五台山茂密的森林可吸收二氧化硫、氯气、氟化物等诸多有害气体，吸收空气中的二氧化碳，释放大量的氧气，净化了周围的空气，是京津及周边地区的大气净化极强区，让我们可以尽情地大口呼吸。

（4）给了我们休闲康养的圣地。小五台山茂密的森林分泌出大量的杀菌素，可杀死白喉、结核、痢疾、葡萄球菌和百日咳杆菌等病菌，对人类有一定保健作用，且林区内空气负氧离子含量高达每立方厘米数万个，给了我们一个休闲疗养的好去处。

二、如果没有野生动植物，我们会拥有怎样的世界？

一份来自WWF（世界自然基金会）的《生命行星报告》显示，自1970年以来，全球野生动物减少了60%，如果继续不付出行动，不到半个世纪，人类将成为这个星球上最后的"野生动物"。一旦野生动物消失，整个自然界会完全被毁，没有植物的世界，最简单的结果是无法固碳并且产生氧气，最终导致人类社会的灭亡；岁月就会黯淡无光，没有春、夏、秋、冬的四季交替，世界将丧失自然之美、生活之美、万物之美。

野生动物是大自然的产物，自然界是由许多复杂的生态系统构成的。有一种植物消失了，以这种植物为食的昆虫就会消失。某种昆虫没有了，捕食这种昆虫的鸟类将会饿死；鸟类的死亡又会对其他动物产生影响。所以，大规模野生动物毁灭会引起一系列连锁反应，产生严重后果。因此，保护野生动植物就是保护我们的家园，就是保护我们自己，就是为子孙后代留下生存发展的机会。我们应该充分认识加强野生动植物保护的重要意义，认真贯彻加强保护、积极发展、合理利用的方针，不断提升我国野生动植物资源保护和管理水平，切实把宝贵的野生动植物资源保护好、发展好、利用好，让野生动植物资源更好地造福于民。

三、不做野生动物交易，杜绝滥食野生动物

众所周知，野生动物身上有大量未知的病毒、细菌和寄生物。有数据表明，78%的人类新发传染病与野生动物有关，就好比有些人"钟爱"的果子狸、穿山甲、黑眉曙蛇、虎纹蛙、中华菊头蝠等，都极有可能携带各种未知病毒，一旦爆发，后果极其严重。

野生动物滥杀、滥捕与饲养、贩卖，已经对生态系统和我们的生存环境造成巨大损害，也可能导致重大疫情发生。2020年2月24日，十三届全国人大常委会第十六次会议审议通过了《关于全面禁止非法野生动物交易、革除滥食野生动物陋习、切实保障人民群众生命健康安全的决定》，这意味着中国确立全面禁食野生动物的制度。除此之外，2021年1月4日，经国务院批准，国家林业和草原局、农业农村部联合发布新调整的《国家重点保护野生动物名录》，并且正在加紧修订《国家保护的有重要生态、科学、社会价值的陆生野生动物名录》。

一次次血淋淋的历史教训告诫我们：进食野味，害人害己。人们要反思人与自然的关系，尊重生命和尊重自然教育应该是公民教育的一部分——我们需要建立一种更文明的人与自然的关系。

吃野味是农耕时代遗留的习惯，那时食物缺乏，一些民族靠打猎为生，从来没有提升到文化的层次。那时也没有办法考虑食品卫生。因此农耕时代的人的寿命比较短。现在有些地方为了地方利益，把野味和一些其他陋习宣传成"文化传统"，其实是没有文化的、丑化的传统，只有的是利益，是贻笑大方的做法。

希望大家引以为戒、互相监督，不要把大自然中活生生的生命，只是为了解决口舌之馋而变成餐盘中一发不可收拾的病毒!

四、我们该怎样与野生动植物相处?

大家都知道，"人只是大自然中的一分子，人类属于大自然，而大自然不属于人类。人类必须摆正人在大自然中的正确位置，善待生物，善待自然，与大自然和谐共处"。可是不少人打着生态旅游的幌子，闯进了安静神秘的自然环境，打扰了野生动植物的生活习惯与生活节奏，践踏了野生动植物的生活环境；打着驯化、驯养野生动植物的幌子，采挖野生植物，围捕野生动物，在自家合法的动植物驯养繁殖场所走一圈就进入了市场、饭店、餐桌，变成了豪华饰佩、庭院绿植、家庭宠物、美味佳肴等，破坏了生态环境，剥夺了野生动植物的自由，残害了野生动植物的生命……

因为人类和动物之间的物种差异，自然界中存在着像蝙蝠一样超级病菌培养温床，加上栖息地变少，野生动物的种群密度变大，动物之间的生殖活动更加密集，一旦野生动物种群内部出现了适应某种病菌的免疫者，它在密集的繁殖中将基因传给子代，这就可能会出现动物自身免疫，却不断传播病菌的霸王，要是这种动物是同老鼠一样繁殖能力超强的物种，那对于人类而言会是个噩梦。

引发疫情的病毒不是野生动物主动接触人类传播的，而是人类对它们进行盗猎、宰杀、食用而被感染的。其实大多数野生动物也在避免与人类接触。只要放任其身，它们不仅无害且非常有益，在生物链中扮演的角色，起着至关重要的作用，在这种情况下我们能做的是各自安好，互不打扰。

人类对野生动植物的开发——捕猎、贸易、栖息地破坏和城市化开垦，导致了野生动植物数量的减少，增加了灭绝的风险，促进了野生动物与人类之间的密切接触，从而加剧了病毒溢出并与人类共享的风险。表达对野生动物喜爱的最好方式，不是据为己有，而是把它们留在野外的栖息地。最好的解决方案是让野生动物生活在野外，选择"动物友好型"旅游方式，对动物进行远距离观察，避免直接接触，不打扰，不伤害。

不管是陆生野生动物，还是海洋野生动物，它们与我们人类共同生活在同一个地球家园，本应该和谐共处，井水不犯河水！人类要尊重自然，敬畏自然。自然法则是最公平的，当你不珍惜其他生灵的时候，祸害就已经悄然降临。

关爱自然，就要敬畏自然。因此我们倡议：

（1）从我做起，从餐桌做起，从现在做起，关爱和保护野生动物，自觉拒食野生动物，树立健康的饮食观念和文明的社会风尚。

（2）不猎捕、伤害、宠养野生动物，不乱采滥挖野生植物，举报和制止非法捕捉、贩卖、食用野生动物不法行为，做一个知法、守法和有爱心的公民。

（3）不干扰鸟类生活、迁徙，不恐吓野生动物，不乱扔废弃物，保护野生动物生存栖息环境。

（4）不随意放生野生动物，不将外来物种放生或种植于野外，避免对本地生态系统造成危害。

（5）不采挖、移植、收购、运输、毁坏野生植物（包括树桩、树根），不危害、损坏古树名木及保护设施。

（6）不非法运输、邮寄和携带野生动植物及其产品，不在网站平台上经营、购买、销售国家重点保护野生动植物及其他珍稀野生动植物。

（7）对非法猎捕野生动物、滥食野生动物和乱采滥挖野生植物，以及网站上非法经营、交易野生动植物的，积极进行举报。

（8）人人行动起来，保护我们丰富的野生动植物资源，积极劝说、阻止和举报各类破坏野生动植物资源的行为，争做保护生态资源的模范公民，让我们的祖国、我们的小五台山永葆青山绿水、蓝天白云、鸟语花香、生机勃勃！

国宝褐马鸡

薛文秀　薛文静

（河北小五台山国家级自然保护区管理中心　河北　蔚县 075700）

谁都知道大熊猫是国宝，但很少人知道还有一种国宝动物——褐马鸡，现在让我来介绍你们认识一下。

褐马鸡是中国特有珍禽，被列为国家一级重点保护野生动物，在国际上，褐马鸡和大熊猫齐名，有着"东方宝石"的美誉，是名副其实的国宝。仅在山西吕梁山、河北小五台山、陕西黄龙山和北京东灵山等少数区域才能够见到褐马鸡，被列入世界自然保护联盟（IUCN）红色名录中的易危等级。

天生丽质，风姿绰约

褐马鸡全身呈浓褐色，它的头和颈为灰黑色，嘴巴粉红，两边脸颊呈艳红色，没有羽毛，头顶长着较短的黑色绒毛，就像戴着一顶帽子，头两侧一对白色角状羽簇伸出头后，仿佛一对"白犄角"，威风凛凛。成年褐马鸡身高约有60厘米，体长1~1.2米，体重约5公斤，雄性比雌性更重一些，是鸟类家族中体型较大的类群。

褐马鸡最引以为傲的就是它美丽的尾羽。尾羽共有22片，长羽成双排列，中央两对又长又大，高翘于其他尾羽之上，羽支披散下垂，犹如马尾。尾羽的主体是银白色，末端则是泛着紫蓝色金属光泽的黑色。当整个尾羽向后翘起时又像一把竖琴，优雅美丽，超凡脱俗。

骁勇好斗，备受青睐

俗话说"狭路相逢，勇者胜"，褐马鸡便是当之无愧的勇者。遇到敌人，不管对方什么实力，在褐马鸡的字典里没有"认输"这两个字，它会竭尽全力与之搏斗，不惜牺牲性命。即便是同类之间的竞争，褐马鸡也不会手下留情，往往会拼得你死我活。曹植在《鹖赋》序中写道："鹖之为禽，猛气，其斗终无胜负，期于必死。"

褐马鸡骁勇好斗的品格备受古代君王推崇，从战国时赵武灵王起，一直到清朝末年，历代帝王都用褐马鸡的尾羽装饰武将的帽盔，称为"冠"，用以激励将士直往赴斗、虽死不置。也因此，褐马鸡的尾羽成了人们追逐的珍品，大量褐马鸡被捕猎，数量越来越少。

生活规律，爱干净

褐马鸡在动物分类系统中属于鸡形目雉科马鸡属，它的翅膀较短，不善于飞行，只能从山上向下滑翔，两条腿却很粗壮，非常善于奔跑。褐马鸡主要栖息在以华北落叶松、云杉次生林为主的林区和华北落叶松、云杉、杨树、桦树次生针阔混交林中。冬季在海拔1000~1500米的高山地带活动，夏秋两季多在1500~1800米的山谷、山坡和有清泉的山坳里活动。白天在灌草丛中觅食玩耍，夜晚在大树枝杈上睡觉，天亮下树，排队寻找食物。

褐马鸡是杂食动物，主要吃植物的叶、嫩茎、幼芽、花蕾、浆果、种子，也会吃些蝗虫、蚂蚁、蚯蚓，改善下伙食。吃饱喝足的褐马鸡会跑到沙子里"洗澡"。对，你没看错就是在沙子里洗澡。这种洗澡方式叫"沙浴"，褐马鸡通过翻滚让沙土进入羽毛的空隙，再抖动身体，使羽毛上的污垢和身体上的害虫随着沙土掉落，以保持羽毛的洁净和身体健康。

为爱而战，繁衍生息

每年春末夏初是褐马鸡的繁殖期。一般3月份进行交配，此时的雄鸡会将尾羽高高翘起，昂着头大声鸣叫，以吸引雌鸡的注意。如果两只雄鸡喜欢上同一只雌鸡，那它们便会像勇士一样，为了爱情展开一场殊死搏斗，胜利者将与心仪的雌鸡结为夫妻，像所有的新婚夫妇一样恩爱甜蜜，整天形影不离，为生儿育女不停忙碌着……

4月，筑巢产卵。每对褐马鸡夫妻占领一个山坡，山坡面积有1~2个足球场那么大，再在灌木丛或枯枝间找个坑洼的地方，简单铺点枯叶干草，建成一个大碗似的巢，开始产卵。卵呈灰褐色、椭圆形，长50.6毫米，直径42.1毫米，比鸡蛋略小，约重56.3克。大概1~3天产一枚，直到产够想要的数量，一般4~17枚。5月，孵化。雌鸡负责孵化，雄鸡负责安全保卫，孵化期26天左右。6月，出壳。雏鸡一个个破壳而出，"爸爸妈妈"便带着它们去寻找各种美食。经过3个月的生长，幼鸡基本长成，能够独立觅食，活动能力增强，游荡范围扩大，不同的家庭开始混合成群，居住地由高处搬到低处。整整一个冬天到第二年春天褐马鸡都会过群居生活。

数量减少，唯有保护

人为因素是导致褐马鸡数量减少的主要原因。为了得到褐马鸡珍贵漂亮的尾羽，猎杀褐马鸡。为了增加经济收入，放牧、砍伐，导致褐马鸡的栖息地遭到破坏。同样为了获取经济利益，开发沙棘饮品，导致褐马鸡冬季食物短缺。而且，每年春末夏初是褐马鸡的繁殖期，也正是山区村民上山采药、砍柴、割条、挖菜等经济活动频繁的季节，许多村民在丛林中发现褐马鸡的巢就连窝取走，或追逐驱赶孵卵的雌鸟，使它的繁衍生息受到威胁。

1987年的调查显示，野生褐马鸡种群规模仅有数百只。只有山西吕梁山、河北小五台山、陕西黄龙山和北京东灵山等少数山区，才有褐马鸡的踪迹，分布区极为狭窄且不成片。

为了保护发展褐马鸡这一稀有珍贵资源，1980年山西省人民政府分别在吕梁山的庞泉沟和芦芽山林区建立了褐马鸡自然保护区。河北省政府于1984年批准将蔚县小五台国有林场改建为以保护褐马鸡为主的自然保护区。现在我国不少动物园和保护区内都有人工繁殖的褐马鸡，并积累了成功的繁育经验。2009年褐马鸡的数量已经增加到17900只左右，保护成效显著。但是，褐马鸡分布区已成为不连续的岛屿状，各栖息地之间基因相对封闭，很可能导致种群繁殖力的退化，加上褐马鸡栖息地海拔较低，接近人类生活区域，受人为干扰严重，褐马鸡保护依然任重而道远。

梅花文化与自然教育

张秋红

(河北农润农业开发有限公司　河北　衡水 053600)

中国梅花，历来被国人推崇为花魁，位列十大名花之首。它的多姿多彩、高洁、傲骨，千百年来所形成的梅花精神，作为中华民族一种优秀的文化基因，始终为中华民族积极向上、不屈不挠的文化品格及精神动力发挥着至关重要的引领作用。梅花文化底蕴丰厚，历代文人墨客吟咏描绘梅花的诗词、画作深入人心，俯拾皆是，流传甚广。梅及梅花的开发利用历史，涵盖了中国历史文化的完整过程。通过考证梅花精神的历史发育和形成脉络，可以证实梅花精神是中华民族的一种原生文明，承载了一种民族信念和文化理想，形成了中华民族的文化符号。中国梅花是中国人的花，梅花精神属于所有炎黄子孙[1]。习近平强调，人与自然是命运共同体。我们要同心协力，抓紧行动，在发展中保护，在保护中发展，共建万物和谐的美丽家园。我们应该遵循天人合一、道法自然的理念，寻求永续发展之路。

梅花以其优良的生物学特性，准确地表达了中华民族千百年来历经磨难而百折不挠、自强不息的民族性格。梅花是谦虚的花朵，俗语有"虚心竹有低头叶，傲骨梅无仰面花"的说法，意思是说梅花开放，朵朵颔首，而不是仰面朝天。梅花也是自信的花朵，"万花敢向雪中出，一树独先天下春""已是悬崖百丈冰，犹有花枝俏"。梅花的自信，主要缘于它具有的抗寒特性和对于气候寒暖敏感的特性。梅花以其独特的内涵和底蕴，将谦虚与自信完美结合。引申到做人，我们既不会像有的人以"低调"为说辞，有失坦荡而虚伪；也不会以自信为借口，盲目自大而狂妄。梅花由于具有既早于百花开放，又不与群芳争艳的优良品质而格外受到人们的喜爱。在社会生活中，我们可以看到很多的有为者，大抵不做无谓的外争，而"只管耕耘不问收获"往往是成就事业、成就自己的一个必要条件。作为植物，梅花与其他植物具有良好的共生性，如"四君子"梅兰竹菊，"岁寒三友"松竹梅，梅花与很多植物以及景物都能相得益彰。毛泽东咏梅词中的"待到山花烂漫时，她在丛中笑"，一改古人认为梅花只能孤芳自赏、离群索居的自命清高，以神来之笔写出了梅花与百花共享春光的喜悦。真正表达了梅花非凡的气度、脱俗的韵致和乐群共生与雅俗共赏的高尚品格[2]。

将梅花与梅花文化融入自然教育中，会使我们的自然教育具有更加鲜明的民族特色。

梅花浑身都是宝。梅花是传统的中医药材，特别是梅花药用价值非常广。李时珍的《本草纲目》记载，梅花果味酸，温、平、涩、无毒，有除烦闷、安心神和明目益气的作用。现代药理表明，梅对大肠杆菌、痢疾杆菌、伤寒杆菌、白喉杆菌、肺炎杆菌和葡萄球菌等均有抑制作用；同时还具有抗过敏作用，能增强机体的免疫功能，提高人体对疾病的抵抗能力。梅子可以食用，果实含有柠檬酸、苹果酸、琥珀酸和糖等成分。除鲜食外，还可以糖渍，制成蜜饯，也可以酿酒，做酸梅汤和梅茶饮料。

梅花的自然分布虽然多在江南地区，但由于多年来气候变化和人工引种驯化，陈俊愉先生开创的南梅北移不断取得突破性成就。因此梅花作为北方地区绿化树种也有其独特优势。

梅花花色丰富，变化较大，主要有粉红、淡粉、肉红、深红、白、乳黄、淡黄等色，有的具红白斑驳条纹，有的边缘洒晕，可以利用梅花的花色，创造出不同的园林景观。梅花"香非在蕊，香非在萼，骨中香彻"。梅花花香清、幽、寒、冷，片植芳香梅花，漫步梅林，暗香浮动。梅花疏影横斜，古干虬枝，历来是诗人画家青睐的对象。梅花因品种不同，姿态有直枝向上，有横伸之梅，有枝条向下生长的垂枝梅，有枝条自然扭曲的龙游梅及各类经过人工造型的盆景梅花。直立梅姿态挺拔，最适合群植，可形成十里梅海之壮丽景观。梅以韵胜、以格高，梅花之传神之处在于其神韵。今天，人们观赏梅韵的标准，则以贵稀不贵密，贵老不贵嫩，贵瘦不贵肥，贵含不贵开，谓之"梅韵四贵"[3]。

梅花具有适应性和抗逆性强的特点。可耐寒至零下39℃，适合北方寒冷地带越冬；梅花畏涝耐旱，适合山坡栽种。梅花树容易形成花芽，开花早，结果季节早。相比杏树、李子树生病机率要少，多体现在不易受旱害影响开花、结果。

梅花是早春花木，对温度极其敏感，花期受环境影响较大[2]。开花早晚与环境温度正相关，花期长短与环境温度负相关。研究表明：5℃时的积温达到160℃；或者在最高气温接近10℃时，再经过3~5天即可开花。因此，梅花的花期不仅在不同地区差异很大，且同一地方也不相同。如北京明城墙遗址公园，2008年是3月15日，2010年是3月30日，2013年是4月12日。一般情况下，北京的盛花期在4月中旬前后[4]。梅花开花早晚与花开前温度积累有关，便于做切花、插花。梅因枝长、花美，清芬可喜，不需高温催花即可在常温或较低温度下自然开放，故可向国内大城市甚至欧、美、东南亚航空运去蕾期花枝，可实现规模化开发梅切花[5]。

太行山脉地势有缓坡带，可以成片种植或嫁接梅花。漫山遍野如果种上彩叶梅花，可以增加赏红叶的彩叶树种，形成独特景观。太行山脉有诸多红色旅游区域，如能成规模地种植梅花，可为红色旅游增添文化和政治色彩，在漫山遍野的梅花盛开之时就是"红梅赞"的完美呈现，将红色教育与自然教育结合起来，为发扬红色文化增添新的"亮点"。

近几年来，我们在太行山脉进行的大量繁育梅花科学实验，分析了地处太行山脉的保定市阜平县龙泉关镇海拔1500米处引种北梅基地抗寒梅花两年的生长情况。河北省农林科学院功能性乔本植物研究中心和北梅基地合作，共同对梅花节水抗寒的种质特性进行了科学研究，进行了抗寒、抗旱驯化，培育出了适于太行山脉种植的6个梅花品种，研究制定了省级梅花繁育和养护技术标准。已在河北建立了多个梅花试验区，分别是：石家庄市平山县河渠村、灵寿县、正定县，保定市阜平县龙泉关镇西刘庄村，张家口市蔚县北水泉镇醋柳沟村和细铉子村、张北县德胜村、怀安县，沧州市的黄骅市以及廊坊市等，种植试验均已获得成功，使梅花在北方地区的扩大种植、品种培育等具有了良好基础。

中国梅花完美呈现了中华民族灿烂的花卉文化力量，是我国重要的花卉资源。因为树龄长，梅花是人类与大自然世世代代和谐相处最好的历史见证，它的发生发展以及兴盛衰落与人类社会动荡、政治变革、精神文明的崇高或漠视程度紧密相关。自古众多爱梅、赞梅、赏梅、迷梅的文人墨客、诗人才子，吟咏梅花者甚多。把梅花培育知识、梅花盆景修剪、梅花瓶花艺术、梅花花茶制作、梅果利用、梅花诗词曲赋文化等内容安排到自然教育课程，以学习、体验、交流等形式开展起来，增进人们对大自然的认识和中国梅花的了解，使更多的人，特别是青少年学习到"自强不息、谦虚自信、为而不争、乐群共生"的梅花精神[2]，从而树立正确的人生观、价值观、世界观。

参考文献

[1] 许联瑛. 梅花精神是中华民族优秀的文化基因[J]. 北京林业大学学报，2017（S1）：109-113.
[2] 许联瑛. 对梅花精神的一些诠释[J]. 中国园林，2020（S1）：21-22.
[3] 易明翾. 梅花与园林造景[J]. 农业科技与信息（现代园林），2007（4）：56-58.
[4] 许联瑛. 北京梅花[M]. 北京：科学出版社，2015：34.
[5] 陈俊愉. 中国梅花品种图志[M]. 北京：中国林业出版社，2010：18.

我的名字叫小五台山

万少欣

（河北小五台山国家级自然保护区管理中心　河北　蔚县 075700）

我的名字叫小五台山，在早古生代早期（距今 5.7 亿—4.5 亿年前）已经有了我的影子。而我的地质构造主要形成于中生代燕山运动时期，总体上呈现为大背斜构造，在其上又分布很多次一级褶皱。而目前的山体地形是在中生代燕山运动的基础上，新生代强烈褶皱断块隆升形成的。我的年纪是不是很大了？

由于强健的身体、温柔的性格、广阔的包容性，汇集在我身边的朋友数量和种类越来越多，他们有野生高等植物 1637 种，其中国家重点保护植物 33 种，还不乏华北稀有古老孑遗植物臭冷杉等。陆生脊椎动物 199 种，其中国家一级重点保护野生动物 6 种，分别是褐马鸡、金钱豹、大鸨、白肩雕、褐马鸡、黑鹳。相继在 1983 年和 2002 年，我开始有了自己的行政名称——河北小五台山自然保护区和河北小五台山国家级自然保护区。

随着我的知名度越来越高，越来越多的人关注到了我的存在，他们说我是"京西屏障"，为首都北京遮挡了来自西部的风沙，保卫着祖国心脏不受外部污染；他们说我是"河北最高峰"，我最高的地方叫东台，海拔2882 米；经地理专家及社会学者认证，说我是太行山脉的主峰；他们说我是"户外者的天堂"，好多户外爱好者都说我是伟岸与美貌并存，想一睹我的芳容！听到这些，我特别自豪！

我有 7 个垂直分布带谱，这也是华北地区最为明显的分布带谱：农田果林带、次生灌草丛带、阔叶林带、针阔混交林带、针叶林带、亚高山灌丛带和亚高山草甸带。同时，我的气候垂直分布明显，气温差异大，寒暑变化明确，四季分明。我的春天要比河北南部一些地方来得晚了些，5月中下旬，覆盖在我身上一冬天的积雪才开始慢慢融化，我慢慢脱去冬衣，它们变成一股股清泉，唱着欢快的歌声流向山下，最后汇聚成河流，奔向大地，是周边的人们饮用水的源泉。同时，动物和昆虫们憋闷了一个冬天，终于慢慢地开始舒展筋骨。树木和花草揉揉睡眼惺忪的眼睛，也开始重新发芽。

随着夏天的到来，我所有的小伙伴们都恢复了活力，花草争芬夺艳，树木竞相生长，虫鸟嬉戏打闹，呈现出了"百花齐放，百家争鸣"的盛景，这是一个短暂而热闹的季节，我最美好的容颜也就在这时。

秋天是一个丰收的季节，草本、灌木的繁花退却，孕育了下一代的种子，忙着为延续生命做好准备。乔木们把根扎得更深了，以便汲取更多的养分来抵抗接下来的寒冷。动物们忙着"贴秋膘"，为漫长的严冬储备能量。因为他们不知道什么时候，一场暴风雪就会悄然来临。

冬天的最低温度达 $-35℃$，万物都安静了，动物们除了觅食，基本已经很少见到他们的踪迹，植物开始为下一年的灿烂准备着，他们的根向下扎得更深了，以自己最大的努力汲取着养分。

就这样一个又一个的轮回，一代又一代林业人为我保驾护航，竭尽所能地让我变得更加美好，但我依旧有自己的隐忧，我害怕火种，一场大火会毁掉我美丽的容颜，也会危害到我小伙伴的生命。我也很矛盾，我虽然希望人们亲近我、了解我，但是我也怕太多的人们来探寻我，破坏我的生态平衡！所以我希望喜欢我的人能关注我就好，我也会默默地展现出我的作用和美好！

七里海潟湖湿地的鸟类保护与自然教育

金照光　赵志红

（河北昌黎黄金海岸国家级自然保护区管理中心　河北　秦皇岛 066600）

七里海潟湖湿地是河北昌黎黄金海岸国家级自然保护区的主要保护对象之一，位于河北省秦皇岛市昌黎县和北戴河新区沿海，是东亚—澳大利西亚候鸟迁徙途中的重要栖息地。该潟湖为国内最为典型的封闭式现代潟湖，建区时潟湖盆地总面积约 8.5 平方公里，水面 3.5 平方公里，在我国北方沿海湿地类型中具有较强的典型性和代表性。七里海潟湖湿地因夹于海、陆之间，近岸区域以盐地碱蓬群落、獐茅群落、芦苇群落为代表性植被，多为树林密布的湿地和沼泽，自然生态环境比较优越。在研究水禽的栖息地以及维持较高的生物多样性和生物生产力等生态功能方面具有重要价值。保护区管理中心结合工作实际，近年来开展了鸟类的调查工作，主要是对鸟类的种类、种群数量、居留期、生境分布和受威胁因素、健康状况等内容进行调查，从目前的调查情况来看，记录到的水鸟种类高达百余种，主要有国家一级重点保护鸟类丹顶鹤、黑嘴鸥、东方白鹳、卷羽鹈鹕、黑脸琵鹭、白鹤等，国家二级重点保护鸟类大天鹅、小天鹅、灰鹤、大杓鹬、白腰杓鹬、鸿雁、白额雁、白琵鹭等。面对如此丰富的鸟类资源，保护区管理中心结合科普宣教的职能，近年来开展了系列观鸟活动，取得了广泛的影响。

一、七里海潟湖湿地鸟类资源特点

（一）位置典型性和代表性

七里海潟湖由湖滩、湖盆、湖堤、码头、潮汐通道、海滩等地貌体组成。湖内有滦河古入海汊道形成的5条河流注入，属半封闭式潟湖，是国内仅存的现代潟湖之一，东北隅有潮汐通道与海相连，潟湖中海洋生物多样，是鱼类的产卵场，在沿海湿地中具有较强的典型性和代表性。由于七里海潟湖夹于海、陆之间，沿岸到处是杂草丛生、树林密布的湿地和沼泽，自然生态环境比较优越，是诸多旅鸟、夏候鸟的最佳过往或栖居之地。也正是因为此2019年入选为中国黄（渤）海候鸟栖息地（二期）申遗工作中14个提名地之一。

（二）鸟类多样性

仅2021年，七里海潟湖湿地中监测到的鸟类达到16目39科144种，其中以雀形目鸟类和鸻鹬类为优势类别。

七里海潟湖湿地鸟类的优势种包括红嘴鸥、绿头鸭和翘鼻麻鸭3种；常见种包括灰鹤、白鹤、豆雁、反嘴鹬、骨顶鸡、鹊鸭、斑嘴鸭、黑尾鸥、白腰杓鹬、青脚鹬和麻雀11种。

七里海潟湖湿地鸟类的主体是旅鸟。

在七里海潟湖湿地越冬的水鸟主要有翘鼻麻鸭、绿头鸭、斑嘴鸭、鹊鸭、红嘴鸥和黑尾鸥。

春季和秋季鸟类种类较多，冬季最少。

春季、秋季和冬季鸟类数量较多，夏季最少。

七里海潟湖湿地鸟类大部分种类分布在潟湖湿地和养殖池塘湿地。

（三）珍稀濒危鸟类增多

珍稀濒危鸟类在七里海潟湖过境或落地休憩，无论从种类还是数量上近年来有明显提升。2021年全年共记录到国家一级重点保护鸟类9种，其中水鸟7种，国家二级重点保护鸟类24种，其中水鸟13种；记录到IUCN红色物种名录近危（NT）及以上级别种类21种。这也从侧面反映出生态修复后的七里海潟湖生态效益明显。

二、七里海潟湖内明星鸟种

（一）震旦雅雀

2021年调查组在进行鸟调查时发现了11只被称为"鸟中大熊猫"的震旦鸦雀，并将其成功入镜。虽然该鸟种在保护区鸟类名录中有记载，但近20年来，保护区范围内没有其影像记录。本次调查发现，填补了该鸟种在保护区的影像空白。目前，该鸟种一直在发现区域活动，基本可以判定震旦鸦雀在此越冬。

震旦鸦雀是国家二级重点保护鸟类，是中国特有的珍稀鸟类，被世界自然保护联盟确定为近危物种。在我国主要活动在中国东部沿海的芦苇丛中，为留鸟，不会迁徙到远方，凭借芦苇躲避猛禽类天敌，叫声清脆悦耳，因此，还被称为"芦苇中的精灵"。该鸟主要以昆虫、果实、种子为食，是一种杂食性鸟类，生性胆小机警，常集群活动。成鸟体长约20厘米，虹膜褐色或红褐色，嘴粗有钩、黄色，腿肉色，长尾巴，雌雄羽色相似。最早发现于中国江苏，已有150余年的研究历史，但在地球上已生存4.5亿年，极具研究价值。

（二）大 鸨

大鸨（俗称地鵏）是国家一级重点保护鸟类，且已被世界自然保护联盟确定为易危物种。大鸨属于迁徙候鸟，主要栖息于开阔的平原、草地或半荒漠地区，也会在河流湖泊沿岸出现，以植物的嫩叶、嫩芽以及昆虫、种子等为食。据中国生物多样性保护与绿色发展基金会2019年公布的数据显示，大鸨东方亚种全球数量不足800只。

大鸨在保护区鸟类名录中有记载，但近十多年没有影像记录，保护区于2021年11底和12月上旬分别在自然保护区实验区外围及陆域缓冲区内记录到3只和5只小群。

（三）鹤 类

鹤类作为远距离迁徙的大型涉禽，是湿地生态系统中最重要的类群之一，同时，鹤作为中国传统文化中的重要符号，在几千年的发展中逐渐形成了独特的象征意义，一是将鹤视为瑞禽和仙禽，二是将鹤象征长寿和神仙，三是将鹤比作君子的化身，等等。

全世界的鹤类有 15 种，其中在我国能见到 9 种，分别是丹顶鹤、灰鹤、蓑羽鹤、白鹤、白枕鹤、白头鹤、黑颈鹤、赤颈鹤、沙丘鹤。截至目前，保护区记录到的鹤类主要有 6 种，分别为丹顶鹤、白鹤、白头鹤、灰鹤、白枕鹤、沙丘鹤，这些鹤类大都会在迁徙季途经保护区并在此停歇，但是根据监测，2021 年，在保护区范围内可见百只灰鹤群体和丹顶鹤小群在此越冬。

（四）东方白鹳

东方白鹳是国家一级重点保护动物，数量稀少，被世界自然保护联盟定为濒危种。每年 9 月末至 10 月初开始离开我国东北部，成群分批往南迁徙，沿途会选择适当地点停歇。迁徙时常集聚在开阔的草原湖泊和芦苇沼泽地带活动，沿途需要选择适当的地点停歇，在有些地方可以停歇 40 天以上，而七里海潟湖就是它们经常歇脚的地方，近年来有少量个体在七里海潟湖及其周边越冬。

（五）黑嘴鸥

2021 年 2 月，新调整的《国家重点保护野生动物名录》正式公布，其中黑嘴鸥从国家二级重点保护野生动物调整为国家一级重点保护野生动物。此外，黑嘴鸥已被世界自然保护联盟确定为易危物种。其常成小群活动，多出入于开阔的海边盐碱地和沼泽地上，与其他鸥混群。春季于 3—4 月迁到中国东部沿海繁殖地，秋季于 9—10 月迁离繁殖地。主要以昆虫、甲壳类、蠕虫等水生无脊椎动物为食。保护区作为黑嘴鸥的栖息地之一，近年来，对黑嘴鸥进行重点监测，监测结果显示，黑嘴鸥于 1 月底至 4 月底旅经此地。

三、开展的"观鸟"自然教育活动

观鸟是指在自然环境中利用单筒观鸟镜、双筒望远镜等设备在不影响野生鸟类正常生活的前提下观察鸟类的一种科学性户外活动，是人类亲近自然的一种趣味体验。在观鸟的过程中，可以增强公众爱护生物、保护生物的意识，传播生态文明理念，保护生物多样性。

保护区依托丰富的鸟类资源，近年来连续开展了"观鸟"系列自然教育公益活动，面向群体为 7~14 岁青少年，通过听、观、触、演、感等不同模式进行教育，并以自然笔记和自然制作的形式，增强观鸟研学过程中的趣味性与体验性，通过观鸟活动的开展，青少年们学会了如何正确地使用望远镜，如何正确地观察野生动物，在保护区工作人员的指导下试着去探求鸟儿与环境、与人类之间的关系，明白了湿地保护的重要性与积极意义。

四、未来开展"观鸟"自然教育的计划

鸟类是保护区的重要保护对象之一，对未来保护区开展自然教育活动至关重要，同时，鸟类也是湿地生态系统中最活跃、最引人注目的组成部分，对湿地环境的变化非常敏感，人为干扰可通过改变湿地环境而影响鸟类的生存与种群的发展。因此，在未来的工作中，首先，保护区将加强对鸟类栖息地的保护，并且争取对鸟类进行连年的监测，以期做到更好的保护，营造良好的湿地环境；其次，根据保护区鸟类特色，设置鸟类保护研学课程目标和内容，融入生态学理论，具体以亲近鸟类、协作沟通、情感启动为目标，以走进保护区、认识鸟的主要外观、了解鸟的生态类群、认识鸟类与人类生活和文化的关系为内容。做到内容和形式多元化，增加趣味性和参与度，确保良好效果，在已有的自然笔记和自然制作的基础上引入和鸟类相关的自然游戏、自然话剧表演等活动。最后，完善规章制度，创造优越条件，引进自然教育专业人才，引进先进理念和技术，加强与当地大专院校的合作，共同开展自然教育活动，助力生态文明建设。

我是森林,我怕火

薛文静　薛文秀

(河北小五台山国家级自然保护区管理中心　河北　蔚县 075700)

春暖花开,万物复苏,正是出去游玩、亲近自然的好时候。

爸爸妈妈今天刚好休息,准备带阿呆到森林里玩。一家人早早起来,收拾好东西,高高兴兴地出发啦。到达目的地后,阿呆别提有多兴奋了,又蹦又跳,一会儿观察蚂蚁,一会儿追着小松鼠跑,一会儿学着小鸟的样子起飞……

阿呆:"妈妈,我觉得森林就是小动物的家,我们就像是在小动物家做客。"

妈妈:"嗯,阿呆说得很对呢,森林的确是小动物的家,那我们作为客人要懂礼节,不要破坏动物家里的东西,也不要惊扰到小动物好吗?"

阿呆:"没问题,我不追松鼠了,我去那边玩。"

不一会儿,阿呆捡了一些枯树枝过来。

阿呆:"妈妈,看我捡了这么多木头,老师说古人可以钻木取火,我试试是不是真的。"说完就准备开始动手钻木取火了。

妈妈:"看来阿呆在学校学了不少知识嘛,很多事情都需要用实际行动去验证,你这点做得非常好。可是妈妈必须要很严肃地告诉你,我们现在是在森林里,森林最怕火了,所以你这个实验就等我们回去的时候找个合适的地方再来验证吧。"

阿呆:"森林为什么怕火呀?"

妈妈:"因为森林里的树木花草很容易被点燃,尤其是在春天、秋天和冬天，天气比较干燥，一旦用火，非常可能引起森林火灾。"

阿呆："森林火灾会有什么危害吗？"

妈妈："有非常严重的危害。首先，森林里生活着很多动物和植物，森林火灾会烧毁成片的森林和植被，小动物的生存环境遭到破坏，有时甚至会直接烧伤、烧死森林内的动物们。另外，还会引起水土流失。因为森林就像是一座"绿色水库"，具有涵养水源、保持水土的作用，当森林火灾过后，森林的这种功能会显著减弱，严重的森林火灾不仅能引起水土流失，还会引起山洪暴发、泥石流等自然灾害。还有，森林燃烧会产生大量的烟雾，其中有一些有害的成分，会危害人类身体健康，对动物的生存也非常不利。"

阿呆："原来是这样，真的太可怕了，那只要我不在森林钻木取火，森林就不会发生火灾了，对吗？"

妈妈："防止森林火灾，的确需要从我们自己做起，但是发生森林火灾的原因有很多，有人为的因素也有自然的因素，大部分森林火灾都是由人为引起。比如在野外吸烟、做饭、取暖、开垦烧荒、上坟烧纸以及农、林、牧业生产用火等行为都容易引发森林火灾。除此之外，雷电、自燃等自然因素也容易引发森林火灾，不过比较少，约占我国森林火灾总数的1%。"

阿呆："野外吸烟也会引起森林火灾，爸爸你千万不要在森林里吸烟！"

爸爸："嗯，真不错，你这是做到了现学现用，哈哈，放心吧，爸爸会非常注意的，知道今天要来森林就没带烟，而且吸烟有害健康，爸爸要戒烟了。"

阿呆："妈妈，我一定要告诉所有的人不能在野外用火。"

妈妈："阿呆真棒，不但我们自己要做到不在野外用火，也要提醒身边的人。"

阿呆："妈妈，那要是发生森林火灾，我们该怎么办呢？"

妈妈："一旦发生森林火灾，我们要第一时间冷静下来。如果只是火灾萌芽状态，火势较小，可以就地取材，使用大树枝、扫把等工具扑打或用沙土覆盖，要是能找到水就更好了，可以用水将火浇灭。如果火势蔓延，难以控制，就要迅速撤离到安全的地方，同时立刻拨打森林火警电话12119报警，让专业救援队来扑灭，千万不能盲目和大火对抗。"

阿呆："12119是森林火警电话，我记住了，妈妈。"

基于 SWOT 分析的河北雾灵山国家级自然保护区自然教育研究

杨丽晓　李林茜　马小欣　崔华蕾　于　跃　左树锋　陈彩霞
（河北雾灵山国家级自然保护区管理中心　河北　隆化 067300）

随着社会的不断进步，人们对精神生活的追求不断提高，自然教育事业在我国发展迅速，许多学校、旅行社、机关团体等开展以自然保护区、国家公园为主题的自然教育事业或研学活动[1]。自然教育是通过接触自然环境，利用一定的科学方法使人们了解自然、融入自然，通过对生态系统中植物、动物、昆虫、土壤、气候、地质等的学习，从而形成敬畏自然、保护自然、热爱自然的生活方式。李鑫等学者提出要利用我国数量庞大自然保护地，在大自然中开展丰富多彩的自然教育活动[2]。

一、河北雾灵山国家级自然保护区基本概况

河北雾灵山国家级自然保护区（以下简称"雾灵山自然保护区"）地处燕山山脉，坐落于河北省承德市兴隆县境内，地理坐标东经 117°17′—117°35′、北纬 40°29′—40°38′，总面积 14247 公顷。雾灵山自然保护区属于典型的温带湿润大陆季风型山地气候，四季分明，由于受海拔、坡度、地形等因素影响，雾灵山是猕猴分布北限，动植物资源丰富，生物多样性种类繁多。雾灵山是燕山主峰，顶峰海拔 2118 米，具有"京东第一峰"之称[3]。雾灵山自然保护区是河北省第一个国家级自然保护区，于 1988 年升为国家级自然保护

区，被教育部、中宣部、科技部、中国林学会、北京林业大学、河北农业大学等多家省部级单位和高校列为科普和教育实习基地，中国科学院地理科学与资源研究所、中国科学院植物所、中国农业大学、北京大学等科研院所都曾到雾灵山自然保护区开展调查研究，因此在雾灵山自然保护区开展自然教育事业具有较高的实践意义。

二、河北雾灵山国家级自然保护区开展自然教育的SWOT分析

SWOT即优势（S）、劣势（W）、机遇（O）、挑战（T），SWOT分析法就是将与自然教育相关的各种内部优势、劣势，及外部潜在的机会和威胁等，通过调查一一列举出来，按照矩阵形式进行排列，用系统分析的思想，把各种因素相互匹配，从中得出一系列具有决策性的相关结论。

（一）优　势

1. 地理位置优越，交通方便

雾灵山自然保护区具有明显的地域优势，位于北京、天津、唐山、承德四地的交界处，交通十分便利，距离北京140公里、天津180公里、承德130公里、唐山140公里、秦皇岛220公里，已于2020年开通高铁，30分钟可以直达北京市朝阳区；京承高速、承唐高速、承秦高速等多条高速可达，2021年承平高速已开始动工修建，计划于2024年完工投入使用。便利的地理优势使得在拓展自然教育市场方面有了得天独厚的基础，可以获得巨大的潜在市场。

2. 丰富的自然资源

雾灵山自然保护区森林覆盖率80.3%，有高等植物168科665属1870种；野生动物资源丰富，有野生陆生脊椎动物56科119属173种，初步统计已知昆虫有3000多种；其中陆生脊椎动物种数占我国总数的7.4%，爬行纲动物占我国总数的3.8%，鸟纲占我国总数的9.4%。雾灵山自然保护区海拔500~800米为农田果林带，800~1100米为松栎林，1100~1400米为阔叶林，1400~1700米为针阔混交林，1700~1900米为针叶林，1900米以上为草甸，森林群落结构层次明显，植物种类组成丰富，具有明显的动态演替特征。

雾灵山自然保护区有石海、石臼、漂砾等第四纪冰川遗迹，十八潭景区植被茂盛、水流充沛，是天然形成的景区，也是雾灵山鉴别冰川遗迹的最佳选址，可以锻炼参与者的观察力、分析能力等。在抗日战争时期雾灵山曾组建了抗日游击队，具有多处红色文化遗址。

3. 基础设施逐步完善

雾灵山自然保护区于建立早期就开始发展自然教育相关事业，在大沟管理区建有动植物标本展览馆和雾灵山自然保护区整体沙盘模型，在东梅寺管理区建有昆虫标本展览馆。在山上设有仙人塔景区、龙潭瀑布景区、大字石景区、顶峰景区，沿途设有展览板进行讲解，并配备有语音指示杆。在仙人塔景区、龙潭瀑布景区、大字石景区安装有负氧离子测试仪，可以随时检测负氧离子含量。

4. 知名度较高

雾灵山自然保护区是河北省第一个国家级自然保护区，出版有《自然的召唤——雾灵山自然教育与体验》，2015年荣获"中国森林氧吧"称号，2018年荣获"中国最美森林"称号。如表1所示，自2002年以来雾灵山自然保护区分别获得全国青少年科技教育基地、全国林业科普基地、中国青少年科学考察基地、全国科普教育基地、中国森林养生基地等荣誉称号，获得社会各界一致好评，取得了较高的知名度。

表1　河北雾灵山国家级自然保护区省级以上荣誉称号

省级以上荣誉称号	命名单位	命名时间
全国青少年科技教育基地	科技部、中宣部、教育部、中国科协	2002年12月
全国林业科普基地	中国林学会	2009—2012年
全国林业科普基地	中国林学会	2013—2016年
中国青少年科学考察基地	中国探险协会	2003年
全国科普教育基地	中国野生动物保护协会	2004年
中国森林养生基地	中国林业产业联合会、森林休闲体验协会	2018年

（二）劣　势

1. 缺乏专业型人才

雾灵山自然保护区没有配备自然教育相关专业型人才，也没有设置专门人员负责自然教育事业的发展，现有工作人员对雾灵山自然保护区的特点和自然教育认知不够全面，急需培养和招聘专业型人才。

2. 缺乏政策性扶持

自然保护区在自然教育方面相关政策较少，一些设计和规划无法按照自然教育的目的实施，或存在一定的阻碍，若形成完整的政策支撑，对自然教育事业的发展和实施将提供有效的保障措施。

3. 缺乏相关资金支持

自然教育事业相关的项目课题设立较少，开展自然教育设计时无法得到资金支持，前期调查研究及设计无法正常开展。

（三）机　遇

1. 国家发展助推

随着社会的发展，人类文明程度逐渐提高，自然教育事业发展迅速。国家相关部门，如教育部、国家林草局、政研会等都对自然教育的开展进行相关的研究和政策部署。

2. 潜在的市场群体

雾灵山自然保护区地理位置优越，北京、天津、唐山、承德等四个相邻城市的具有较大的人口群体，尤其北京、天津的大中小学校，因此雾灵山自然保护区开展自然教育具有强大的潜在市场。

（四）挑　战

1. 地质灾害影响

受天气如降雨、降雪、大风等因素的影响，加之雾灵山自然保护区面积大、山势高，可能会发生泥石流、滑坡等地质灾害，如2012年"7·12"大暴雨引发了泥石流，使山上多处路面被冲毁，对开展自然教育可能会造成一定的影响。

2. 疫情风险影响

近几年受新冠肺炎疫情的影响，人们外出机会减少很多，自然教育事业发展也受到很大影响。

3. 周边群体竞争

雾灵山自然保护区周边有六里坪自然保护区、北京雾灵山自然保护区等，北京、天津周边如张家口、保定等地也具备一些生态文明建设场所，但以旅游倾向为主，所以雾灵山自然保护区必须在抓好生态文明建设的基础上，拓宽自己的营销渠道和思路，加强自然教育建设。

三、雾灵山自然保护区开展自然教育的策略建议

（一）加强专业型人才引进，制定完善的自然教育发展规划

雾灵山自然保护区可利用内部培养、人才引进等措施，吸引自然教育专业型人才，对雾灵山自然教育事业的发展进行长期且完整的规划设计[4]。笔者建议配备专职自然教育负责领导和工作人员，加强人员管理，做到专人专管，确保政策落实；也可与高校或科研机构建立合作机制，共同探讨研发科学合理的自然教育发展规划。

（二）加强基础设施建设，优化自然教育基地设施

对雾灵山自然保护区已有的昆虫标本馆、动植物展馆、展板进行更新、改造，在现有基础上丰富展馆内容，增添趣味性、科普性，满足自然教育事业发展的需要。在展馆及景区增添扫码讲解功能，以适应科技发展的潮流，并拍摄宣传展示片在展馆内进行播放。在莲花池、龙潭、仙人塔、大字石等景区开发设计野外探险、徒步、宿营等活动，寓教于乐，提高自然教育活动参与者积极性。开展有雾灵山特色的自然教育事业，以保证雾灵山自然教育开展的可持续性，如增设地质类型展馆、设立小型生态系统演示模型等[5]。

（三）加强资金扶持，确保各项工作落实

雾灵山自然保护区近几年资金紧张，自然教育事业开展受到一定的限制。未来在政策倾斜等措施下，应加大资金的投入，确保各项政策落到实处，相关展馆配备和设施更加完善。

（四）加强培训与学习，提高竞争优势

笔者认为应定期开展自然教育相关培训，提高工作人员业务素质，并使其有机会接触新的自然教育发展理念，与时俱进；组织相关专职人员到经验丰富或自然教育事业发展突出的企事业单位进行参观学习，汲取优良经验，提升自我竞争实力，以形成雾灵山自然教育事业发展的独特优势[6]。

综上所述，河北雾灵山国家级自然保护区可充分利用独特的地理优势、

丰富的生物多样性、较高的知名度，借助自然教育事业国家政策的支持，在现有展馆、展板等设施基础上，配备更加完善、科学的设施体系，抓住巨大的潜在客户群体，一定能使创造出具有雾灵山特色的自然教育事业。

参考文献

［1］张亚琼，黄燕，曹盼，等.中国自然教育现状及发展对策研究［J］.林业调查规划，2021，46（4）：158-162.

［2］李鑫，虞依娜.国内外自然教育实践研究［J］.林业经济，2017，39（11）：12-18，23.

［3］于杰，王伟佳，张薇薇，等.雾灵山森林公园森林风景资源质量评价［J］.河北林业科技，2016（1）：85-87.

［4］程跃红，龙婷婷，李文静，等.基于SWOT分析的四川卧龙国家级自然保护区自然教育策略建议［J］.中国林业教育，2020，38（5）：13-17.

［5］邵凡，唐晓岚.国内外自然教育研究进展［J］.广东园林，2021，43（3）：8-14.

［6］薛文秀.河北省小五台山自然保护区开展自然教育SWOT分析［J］.河北林业科技，2021（1）：56-58.

无公害防治技术在林业病虫害防治中的应用

刘效竹

(河北省木兰围场国有林场　河北　围场　068450)

我国是林业大国，长期以来，我国一直坚持把发展林业作为应对气候变化的有效手段，随着天然林保护、退耕还林等政策的实施，截至2020年，我国的森林面积达2.2亿公顷，森林覆盖率23.04%。但在林业发展迅猛的过程中，病虫害防治问题一直困扰着林业部门。以往林业病虫防治中多采用剧毒性杀虫剂，短期内，林业病虫害问题得到了缓解，但从远期效果来看，杀虫剂的过分应用不仅破坏了周边环境，还对水资源造成了污染，给广大人民群众的用水安全带来了极大的隐患。随着可持续发展理念的不断深入，社会各界对林业病虫害的防治措施也提出了更高的要求。现阶段，无公害防治技术已经逐步应用于林业病虫害防治工作中，其通过生物技术和生态技术提升了林业病虫害防治水平，改进了林业病虫害的防治质量，是现阶段林业病虫害防治首选的措施。

一、无公害防治技术在林业病虫害防治中的应用价值

现阶段，气候变暖、土地沙化、大气质量差等是全人类共同面临的生态环境问题，而林业的可持续发展可应对气候变化，对改善空气质量、促进环境优化具有重要意义。在大力发展林业的过程中，不可避免要面临病

虫害防治。在过去很长的一段时间内，我国普遍采取化学技术进行林业病虫害防治，如应用毒性较强的杀虫剂。无可厚非，这种防治手段有效地控制了林业病虫害的发生和损害程度，但从远期来看，其对周围环境尤其是水资源构成了严重的污染[1]。因此，这些年来，我国逐渐将无公害防治技术纳入林业病虫害防治工作中来，经过长期的观察和研究证实，该种治理手段防治彻底、治理高效，不会引发其他环境问题，使得林业的生态价值和经济价值进一步提升。首先，无公害防治技术采用的是生态技术或生物技术，讲究"因地制宜、就地取材"，降低治理成本，提高经济效益；其次，病虫害治理遵循"预防为主、科学治理"，扼杀病虫害的萌芽，有效地减少了损失，保障林业免受病虫侵害，助力林业发展，使其最大限度地发挥生态调节功能。

二、无公害防治技术在林业病虫害防治中的应用策略分析

（一）加强林木抚育管理

林木抚育管理质量直接影响林业病虫害的发生，因此在苗木选择、种植的过程中要加强管理工作。主要内容包括分析种植地的气候条件、土壤环境、地形地貌特征等，然后基于考察结果选择抗病能力强、成活率高、长势好的苗木进行种植。首先，合理搭配种植，确保林中生态系统的稳定性，并采取封山育林措施，为苗木能够健康快速地生长奠定基础。其次，对林木加强管理和养护，定期进行巡山，并采取松土、浇水、施肥、修剪等措施，助力苗木尽快生长成林；切实了解林木病虫害的发生情况，并采取相应的措施，如清理病虫害苗木，并对其周围的枯枝烂叶进行集中烧毁和掩埋，避免病虫害持续蔓延造成大面积林木感染，减少损失[1]。

（二）加大生物防治力度

传统林业治理中对病虫害的防治手段多采取化学杀虫剂，由此引发一系列环境问题，使得林业发展"顾此失彼"。而生物防治手段是一种无污染、安全、可靠的防治技术，其利用生物之间的食物链关系，用大自然法则进行林业病虫害防治，能够起到长久、有效、安全、无污染的功效。通常来说，生物防治通常分为以虫治虫、以鸟治虫和以菌治虫三大类，方式方法遵循

自然规律，是农药等非生物防治病虫害方法所不能比的。鉴于此，应在林区内挂置鸟巢吸引益鸟捕捉害虫、释放管氏肿腿蜂防治天牛等，在病虫害发生后要尽量减少杀虫剂的用量，保护这些害虫的天敌，使林业病虫害在生物防治下治理更加彻底和长久[2]。

（三）加强病虫害监测

林业病虫害出现前期由于面积较小、损害较轻，一般很难发现，由此导致病虫害在短时间内大规模扩散，使治理工作过于被动，造成严重的经济损失。林业部门应秉承"预防为主"的理念，通过建立健全的预警机制加强对林区内病虫害的监测。林业病虫害的种类繁多，但其发生原因及发展过程均有自然规律可循，在林业病虫害防治工作中就要求管理人员掌握病虫害的发生规律，不断加强病虫害的监测，并完善预警机制，以期在森林发生病虫害后能够及时反应、主动作为，最大限度地避免病虫害蔓延。与此同时，应选派具有丰富经验的管理员进行定期巡查，掌握林木的生长情况，结合生长期特点和当地的气候条件及时调整病虫害防治方案，切实保障林木健康生长。

三、结　语

生态发展理念下，将无公害防治技术应用在林业病虫害防治工作中无疑是最优选择。无公害防治技术对生态环境具有保护作用，对经济发展具有促进意义。在此，笔者呼吁相关部门对林业病虫害治理时要全面推进无公害技术的应用范围，以便为我国林业和生态环境的可持续发展提供更好、更全面的保障。

参考文献

[1] 李国军.关于林业病虫害发生原因及无公害防治策略的探讨[J].科技创新与应用，2017，27（15）：285.
[2] 陈明.林业病虫害无公害防治探讨[J].科技风，2020（9）：140.

河北衡水湖国家级自然保护区开展自然教育 SWOT 分析

李思思[1]　石宗琳[1]　徐　倩[3]　屈　月[4]　刘振杰[3]　武大勇[1]

（1.衡水学院河北省湿地生态与保护重点实验室　河北　衡水 053000；

2.衡水学院生命科学学院　河北　衡水 053000；

3.衡水湖国家级自然保护区管理委员会　河北　衡水 053000；

4.衡水滨湖旅游有限公司　河北　衡水 053000）

　　自然教育是以有吸引力的方式，在自然中体验、学习关于自然的知识和经验，建立与自然的联结，尊重生命，建立生态的世界观，遵照自然规律行事，以期实现人与自然的和谐发展[1]。2014 年，全国自然教育网络成立，同年召开首届全国自然教育论坛，引起国内外自然教育、环境教育从业者的极大关注。此后，国内自然教育行业迅猛发展。

　　湿地是位于陆生生态系统和水生生态系统之间的过渡性地带，被喻为"地球之肾"，与海洋、森林并称为地球三大生态系统。湿地具有调节气候、调蓄洪水、净化水质、维持生物多样性等生态功能[2-3]，在经济社会发展中，具有不可替代的重要作用，也是开展自然教育的最佳自然资源之一。湿地自然教育源于环境教育，即在特定湿地环境下开展的一种环境教育，其关键在于与本土化的湿地资源相结合[4]。国内重要湿地，例如杭州西溪、广州海珠、深圳华侨城等，已陆续开展自然教育服务，产生了较为明显与广泛的生态教育成效。对比之下，河北省湿地自然教育起步较晚，理论与实践尚未成熟，针对此方面的研究相对较少。

SWOT 即优势（strengths）、劣势（weaknesses）、机会（opportunities）、威胁 T（threats），SWOT 分析法将与研究对象密切相关的内部优势、劣势和外部的机会、威胁等，通过调查列举出来，然后系统分析各种因素，并得出带有一定决策性的结论[5]，进而辅助制定相应的发展战略、计划以及对策等。通过文献搜索，目前仅发现广东、安徽、陕西等地区的森林公园和湿地保护区在自然教育分析中利用了该方法[6-8]，但在华北地区还没有相关研究。

基于此，本文以衡水湖湿地保护区为例，利用 SWOT 分析法，对保护区开展自然教育的优势、劣势、机遇、挑战进行综合评估，并探讨建议对策，为湿地保护区自然教育可持续发展提供理论参考与科学指导，具有一定创新性与实践意义[6]。

一、保护区开展自然教育 SWOT 分析

河北衡水湖国家级自然保护区是华北平原唯一保存完整的内陆淡水湿地生态系统，被誉为"华北之肾"，位于河北省衡水市滨湖新区，紧邻主城区。保护区总面积 163.65 平方公里，湖泊面积 75 平方公里。保护区具有水域、沼泽、草甸、林地等多种类型的生态系统，生物多样性丰富，包括众多国家濒危物种[9]。开展自然教育，是衡水湖自然保护区承担社会功能的又一新路径。

（一）优　势

1. 区位战略优势

衡水湖湿地生态战略地位突出。保护区位于东亚—澳大利西亚迁飞路线的重要节点，既是众多鸟类的重要中转站，也是京津冀生态南大门，为京津冀生态安全提供多重保障。同时，衡水湖地处河北中南部，区位优势明显，交通发达，距北京 248 公里，距雄安 120 公里（市域边界仅 50 公里），是华东、华南进入雄安的必经之地。因此，衡水湖开展湿地自然教育，可广泛对接外地游客，未来市场十分广阔。

2. 生态多样性资源优势

衡水湖湿地保护区生物多样性十分丰富，优越的自然环境非常适宜野

生动植物的生存和繁衍。已发现记录有鸟类324种，植物538种，鱼类34种，昆虫416种，两栖爬行类17种，哺乳类20种。在众多的野生动植物中，尤为突出的是鸟类资源，以内陆淡水湿地生态系统和国家一、二级重点保护鸟类为主要保护对象，其中国家一级重点保护鸟类有青头潜鸭、黑鹳、东方白鹳、丹顶鹤、白鹤、金雕、白肩雕、大鸨、白尾海雕9种，国家二级重点保护鸟类49种[9,11]。青头潜鸭作为衡水湖湿地的旗舰物种，一年四季都可以在衡水湖看到其取食、嬉戏、繁殖……2017年3月8日，在衡水湖观测到308只青头潜鸭，占全球数量的近1/3，是当时最大的种群，此后发现青头潜鸭在衡水湖进行繁殖和越冬。同时，衡水湖作为重要的物种基因库，红鳍原鲌、鲫鱼、秀丽白虾、青虾等被列入国家水产种质资源保护范围。本区域生物资源丰富，生态环境优美，为自然教育活动的开展提供了天然适宜场所。

3. 国内外先进理念优势

2017年3月，河北衡水湖国家级自然保护区管理委员会正式启动了中德财政合作衡水湖湿地保护与恢复衡水湖可持续发展教育项目，引入国际可持续发展教育先进理念，促进衡水湖自然教育的发展。国内外自然教育专家多次在衡水湖对管委会部分中青年骨干、旅游局导游部成员以及中小学教师开展自然体验培训，培养了多名自然教育人才。2019年5月，管委会成立了自然体验教育中心，配备了专职人员近20名。

衡水学院是衡水市唯一的高等教育院校，拥有生态学、生物学、环境化学、艺术学等与自然教育开展相关的学科，并对衡水湖进行了长期的监测和研究，2019年河北省湿地生态与保护重点实验室成功获批。实验室研究团队正在和国内外专家展开合作，围绕衡水湖湿地生态开发可持续发展教育模块，预期为衡水湖湿地开展自然教育提供重要的资源支撑。

4. 教育环境优势

衡水市历来重视基础教育，以优秀的中学教育闻名全国。同时衡水乃董子文化发源地，当地民众重视传统文化教育，还有董子故里、孙敬学堂、音乐小镇等研学基地，将从外部辅助衡水湖自然教育的全面发展。当地一些社会教育机构、旅游公司、社工组织等也正在转型，开拓自然教育业务。

（二）劣　势

1. 基础设施有待完善

衡水湖保护区以展示景区自然风光为主，除湖中小岛、小湖隔堤以外，大部分区域都是免费开放，因而基础设施建设相对简单。若开展深度自然体验，目前现有的场地设施和配套服务不太完善，不能有效满足自然教育活动开展的需要。

2. 缺乏高素质专业人才

高素质专业人才缺乏，是国内自然教育领域众多机构普遍面临的难题之一。经中德财政项目培训后，引导员讲解技巧和带队经验明显提升，但生态素养、自然知识、课程设计等方面的知识与能力仍亟待提高；同样在宣传倡导、人员统筹、安全保障等方面，急需制定更加完善的规章制度。

3. 品牌效应尚未形成

衡水湖湿地自然教育发展刚刚起步，尚在初期萌芽阶段，宣传广度、力度不到位，整体形象不够鲜明，品牌效应尚未形成，当地公众认识度较低。相对来讲，自然教育服务对象需要长期陪伴，因而对自然引导员的个人素养、专业水平、带队能力要求较高，需着手提升部门从业者的工作积极性。湿地保护区的自然路线设计、自然课程体系不够完善，湿地课程设计、整体活动成效均有待提升。

（三）机　遇

1. 自然教育行业蓬勃发展

2019年，华北自然教育网络成立，集结北京、天津、河北、内蒙古、山西等省（直辖市）的相关机构及从业者，以"聚合、专业、创新"为主题，有力推动了华北自然教育行业的有序发展。衡水湖保护区作为发起机构之一，应积极承担自身使命，引导自然缺失症儿童走出家门，走进湿地，推广自然教育。

2. 政策资金支持

2019年4月，国家林业和草原局发布了《关于充分发挥各类自然保护地社会功能大力开展自然教育工作的通知》，提出各类自然保护地要强化自然教育功能，做好统筹规划、组织领导，加强自然保护地基础建设，全面提升湿地等自然教育服务能力。衡水湖保护区专门成立了可持续发展教育中心，现有自然体验初级导游25人，高级导游11人，中德财政项目设立专项资金，拨款逾5000万元，支持梅花岛、保护区可持续发展教育基础设施建设，以及中心人员业务提升、外出学习培训。

3. 文明城市创建与地方生态环境教育促进条例的实施

2017年，衡水市争创省级文明城市，市委、市政府相继出台了《衡水市创建省级文明城市"攻坚年"实施办法》等一系列文件，在经济、政治、文化、社会、生态建设等各方面实施大举措。2020年1月1日，《衡水市生态环境教育促进条例》正式实施，这是河北省首部针对生态环境教育的专项立法。该条例系统规范了政府生态环境教育的责任，明确了生态环境教育的主管部门及职责、相关部门的职责，强调了企业生态环境教育的主体责任。碧水蓝天、人与自然和谐是生态文明的终极目标，推广自然教育是实践生态文明的有效路径之一。

（四）挑 战

1. 行业规范尚未完善

国内自然教育行业尚处在起步阶段，行业各项制度尚未成熟，与自然教育相配套的监管体系尚未建立。自然教育开展形式多样[6]，包括自然观察、自然游戏、自然科普、生态保育、食农教育、生态旅行等，各类从业机构复杂，可分为公益类和营利类，且部分机构注重经济效益，自然环保意识薄弱，较少关注环境教育、生命教育。目前衡水市自然教育行业刚刚起步，一些社会教育机构、旅游公司、社工组织正处在转型阶段，完善的行业规范亟待建立。

2. 户外活动规避风险

自然教育的参与者主要是未成年人，参加户外活动，如何降低人员风险，避免落水事故，是首要考虑的问题。同时，衡水湖保护区的生物多样性对干扰反应敏感，尤其是濒危鸟类（如青头潜鸭）的保育，被破坏后难以恢复[6]。自然教育活动中大量人员涌入保护区内，势必会对区域内的动植物、水体等造成影响，产生不同程度的负面效应，甚至可能威胁到生物多样性及生态环境安全[12]。

3. 当地学生面临巨大升学压力

传统的社会教育以学校教育为主，过分注重学生知识积累，而忽视个人能力、意识价值观等方面的培养。衡水中学的名校效应吸引了大量外地优秀学生，也给当地学生带来巨大的升学压力。传统教学方式和各类社会辅导抢占了孩子们的课余时间，让他们难以自由地在室外玩耍。自然教育主张在自然中体验，如何将课余时间还给孩子、还给大自然，转变家长传统教育观念，是衡水当地自然教育从业者们面临的又一巨大挑战。

二、保护区自然教育发展对策

借助 SWOT 模型分析，衡水湖湿地保护区开展自然教育活动，具有良好的内部优势与外部机遇，同时也要克服内部弱点，主动规避外部威胁。提出具体建议对策如下：

（一）广泛开展社会合作，加强行业与保护区自然教育规范

以生态普惠的原则为本，良好的湿地自然生态应全民共享。保护区和当地教育部门积极合作，选择当地中小学校、幼儿园作为试点学校，针对不同年龄段儿童，制定专属课程，积极组织开展活动，在实践中不断摸索。同时面向社会，与不同企事业单位对接，普及生态环境教育。博采众家之所长，对衡水湖自然教育长期发展，展开广泛讨论，共同商讨行业规范，制定保护区自然教育纪律细则，从而在一定框架内积极推进保护区自然教育良性可持续发展。

（二）注重人才队伍建设，引入活动成效评估

人才是活动成败的关键，自然教育行业的发展同样离不开人才。保护区和社会各相关机构应该积极提升自然引导员的专业技能，组织自然教育专家举办讲座；也可以在外部聘请专业机构或人士进行指导，或选派部分人员参加全国自然教育网络中高阶培训。同时引入活动成效评估机制，以直接访谈或问卷调查的形式，对引导员的表现、活动效果、参与者满意度进行测评，促使活动成效不断提升。

（三）完善基础设施，加强资金保障

"营地＋机构"是自然教育开展的主要模式之一。保护区加强自然教育基础设施建设，建立自然教育中心室内场馆，开辟室外专门活动场所，增添精品活动路线、自然教育径、自然教育场，辅以标识牌、功能解说牌等，实施应景教育[6]。社会各界从事自然教育的机构应多渠道筹措资金，保障自然教育经费来源，从而保障自然教育活动的可持续开展。

（四）借助自媒体平台，打造精品强化品牌

利用网站、微信、直播等网络平台，进行全方位宣传，提升衡水湖保护区自然教育的知名度和影响力；结合当地生态环境承载力，充分挖掘保护区自然资源优势，设计较成熟的活动路线，开发湿地特色课程，编写活动手册或指南。同时加强顶层设计，注重内容和形式的多元化，融入生态学、博物学、自然科学等学科知识与方法，引入环境保护、生态文明、可持续发展理念，拓展自然游戏、自然艺术、自然手工、自然科学等内容，增加活动趣味性，提升活动效果，着力打造精品课程，强化品牌效应。

三、结　语

河北衡水湖国家级自然保护区开展自然教育的内部优势突出，外部机遇明显，但自身弱点和面临的挑战同样制约着保护区自然教育的快速发展。衡水湖应充分利用自身优势和外部机遇，挖掘自身特色，打造精品课程，采取多种措施和灵活手段，克服自身劣势和外部挑战，将保护区建设成为国家级自然教育基地[6,8]，打响自然教育品牌，并以此为跳板，充分发挥湿地的社会服务功能，推动从感动、心动到行动的公众自然环境认知意识及行为习惯的形成，实现人与自然和谐、经济—社会—生态可持续发展，积极推动衡水市的生态文明建设。

参考文献

[1] 李海荣, 赵芬, 杨特, 等. 自然教育的认知及发展路径探析[J]. 西南林业大学学报（社会科学）, 2019, 3（5）: 102-106.

[2] 陆健健, 何文珊, 童春富. 湿地生态学[M]. 北京: 高等教育出版社, 2006.

[3] 姜明, 邹元春, 章光新, 等. 中国湿地科学研究进展与展望: 纪念中国科学院东北地理与农业生态研究所建所60周年[J]. 湿地科学, 2018, 16（3）: 279-287.

[4] 范竟成, 朱铮宇, 张铭连. 苏州湿地公园自然教育发展实践和探索[J]. 湿地科学与管理, 2017, 13（1）: 14-17.

[5] 廖建坤. 国有水电勘测设计企业KM院战略规划研究[D]. 昆明: 云南财经大学, 2016.

[6] 冯科,谢汉宾.陕西长青自然保护区开展自然教育的SWOT分析[J].林业建设,2018(1):27-30.

[7] 谭振芳.森林公园开展自然教育SWOT分析[J].南方农业,2018,12(26):129-130.

[8] 张干荣,洪维.广东莲花顶森林公园开展自然教育的SWOT分析[J].林业科技情报,2018,51(3):112-114,121.

[9] 彭吉栋,李峰,裴素俭,等.衡水湖湿地生物多样性评价及保护对策研究[J].宁德师范学院学报(自然科学版),2012,24(01):8-12.

[10] 王林.教育生态学视角:衡水湖职业院校建设与发展研究[D].石家庄:河北师范大学,2018.

[11] 刘国杰,马世梁,路培,等.衡水湖与湿地科学[J].衡水学院学报,2013,15(4):1-3.

[12] 沈佳佳.百花湖含汞底泥的原位掩蔽治理技术研究及工程效益评估[D].杭州:浙江农林大学,2015.

自然教育融入林业生态实践的思考

黄炳旭 任士福

（河北农业大学 河北 保定 071000）

随着工业化和城市化的不断进步和发展，为了满足人类不断提高的物质需求，人类不断加大对自然资源的摄取，导致自然环境受到一定的损害，人与自然的不和谐日益显现，极端天气、恶劣环境频发，造成的影响越来越大。因此，人类逐渐认识到自然的重要性，开始认识自然，走进自然，感知自然，自然教育逐渐走入公众的视野之中[1]。

如今，自然教育方兴未艾，同时生态建设也受到了国家的高度重视。因此，本文通过介绍国内外案例，并研究自然教育的现状，分析不足之处，将自然教育融入林业生态建设当中，使二者协同发展。

一、自然教育

（一）自然教育概念

卢梭是当代自然教育的主要代表之一，主要著作有《爱弥儿》，其教育思想的核心就是回归自然。卢梭认为，人类受教育有三个来源：或"受之于自然"，或"受之于人"，或"受之于事物"。

现在普遍认为，自然教育是指在自然生态环境中，以观察自然、认识自然、探索自然、学习自然为途径，体验学习自然现象、事务与过程，形成人与自然和谐共处的状态[2]。

（二）自然教育特点

（1）自然教育的活动场所是户外。自然教育强调的是在"自然"中的教育，其活动场所是在户外展开的，是让受教育者在自然场景下学习，要走进自然，亲近自然，通过体验和感知自然，启发人们与自然结伴，感悟出一种呵护生命、敬畏万物的态度。

（2）自然教育的方式是接触或体验。自然教育是以自然环境为背景，以自然界中的实物为教学素材，把知识融入自然当中，利用科学有效的方法指导学习，并且具有系统性和连续性，通过接触或体验的方式获得认知。

（3）自然教育的目的是培养人们的生态文明意识。自然教育是让我们认识自然、了解自然，使人们对生命具有系统的认识，培养人们尊重自然、热爱自然、保护自然的生态文明意识，最终达到人与自然和谐统一和可持续发展。

二、自然教育融入林业生态建设实践

（一）国外自然教育的林业生态实践模式

理查德·洛夫在《林间最后的小孩》中，提出"自然缺失症"已经成为全球化时代儿童共同的现代病，其诱因主要源自人与自然的生疏，缺乏对自然环境的体验，需要通过自然教育重新联结人与自然的关系[3-4]。现阶段，很多西方国家都将公园作为人们自然教育的窗口，通过开展不同形式的自然教育，让更多的民众感受自然、认识自然。

美国自然教育实践的主要模式为"自然＋自然学校＋拓展项目"。即以国家公园、动植物园、农场、森林、博物馆等场所进行自然教育。美国是世界上第一个建立国家公园的国家，并以立法的形式推广自然教育，颁布的《国家公园基本法》，增强了民众自然教育意识。德国的自然教育实践模式为"森林教育＋专题教育"。德国得益于本国发达的林业，因此自然教育以森林为场所展开，并将自然教育融入5~13年级的课程大纲之中。日本自然教育实践模式为"自然＋家庭＋自然学校"。日本比较重视孩子的自然教育，建设发展了较为完善的国家公园体系，通过学校与家庭培养孩子亲近自然、保护自然的意识[5]。

(二)国内自然教育的林业生态实践模式

1. 天津"美丽天津"工程项目

近年来,天津一直推进"美丽天津"工程项目的建设,通过建设各类公园和开展生态科普活动,让民众深入理解人与自然的关系、培养良好的环境素养。

在公园建设中,大量种植小树苗,通过这种设计,让民众认识到小树也照样能成为一种很好的景观;同时公园中大量种植草本植物,这些草本地被植物代替了传统的草坪,在养护中节约了修剪的能耗及水资源等。在开展生态科普公益活动中,为了使生态科普手册的内容更加吸引青少年,逐渐增添了制作植物标本和记录观察植物等内容,增加了互动性与趣味性,提高了青少年参与活动的积极性[6]。

2. 北京八达岭国家森林公园模式

八达岭国家森林公园是目前北京市中小学生开展自然教育活动的重要场所之一。近年来,公园通过开展多形式、多层次、多角度的森林体验、森林文化和自然教育活动,利用科学有效的方法,吸引人们更加亲近自然、了解自然。

针对公园里的自然资源和特点,分别以不同主题进行自然教育课程的研发,加入了游戏、手工创作等寓教于乐的方式进行自然教育。同时开展公园特色的森林体验实践活动,根据人们的年龄差异与兴趣爱好,制定了更具针对性的课程。2014年,八达岭森林体验中心建成,体验中心与自然融为一体,通过13个展区和42个展项,充分挖掘出八达岭森林的文化价值。

八达岭森林公园通过微信、微博与微视频的形式,加大宣传自然教育的力度,用真实的活动案例宣传自然教育的内容与意义,提高了民众对自然教育的认识和参与热情。同时一直学习并引进先进的自然教育理念,发挥林业在弘扬生态文明中的重要作用[7]。

(三)省内自然教育的林业生态实践模式

以省内小五台山自然保护区和武安国家森林公园为例,二者具有丰富的自然资源,动植物种类多样。同时二者也具有明显的区位优势,小五台山东距北京市区125公里,南距石家庄市300公里,每年会有大中专院校师生、自然爱好者前来开展教学实习、夏令营和科考活动,并且有10余所高校将其作为教学实习基地,具有丰富的科普经验,为小五台山自然保护区的发展提供了条件。武安国家森林公园身处京津冀经济圈,紧靠人口稠密的华北平原,并且紧邻河北工程大学和邯郸学院等高校,依托高校的优秀师资,可为自然教育队伍搭建提供人才支撑,为开展自然教育带来良好的契机[8-9]。

虽然内部优势明显,外部机遇难得,但要以生态优先,充分挖掘自然教育资源的同时,也要制定长远发展规划,在发展、建设自然教育基地时,优先考虑如何减少对生态环境的破坏,合理规划森林公园内的用地方式,最大程度保护林内的生态系统。虽然都依托高校,但也要不断加强自身人才队伍建设,通过开展专业培训等方式,培养一批保护区自己的自然教育人才。增加自然教育投入,改善资源环境保护设施、科普教育设施,营造出一个设施齐全、管理规范的自然环境,为开展自然教育打下坚实的基础。

位于河北省最北部坝上地区的塞罕坝机械林场要建设成自然教育基地、林业科普基地、生态文明学院。通过自然教育平台的构建,开展动物栖息地、生态景观认知、野生动物救援救助、自然宣教等活动。设立国际生态文明建设论坛、塞罕坝博物馆、森林养生、户外林业生产体验互动等项目,并打造若干个生态文明、红色现场教学点,与专业团队或培训机构联合,组建一个专门运营的团队,内设森林生态知识科普展示区、湿地文化展示区、塞罕坝精神宣教展示区和民俗文化展示区。同时与高校合作,研学结合,在景区内设立教育中心,定期开展生态主题沙龙、国际国内生态文明建设论坛,吸引国内外学者交流生态教育经验[10]。

三、自然教育现状分析及对策建议

(一)现状分析

在中国教育体系中,说教和单一方向的知识传递是最容易和常见的方法,但自然教育不仅仅是学习场所从室内到自然中的简单变化,而是帮助学习者理解人与自然的关系,是为了解决人类社会面临的环境问题[11]。

我国一直很重视生态文明建设与发展,21世纪以来,国家大力宣扬人与自然和谐共生,随着自然教育理念的发展和深入,自然教育在国内得到了越来越广泛的关注[12]。党的十八大以来,习近平总书记多次强调"绿水青山就是金山银山"，但是我国自然教育实践的水平与发达国家相比仍有较大差距[13]，自然教育的探索与实践还处于起步阶段，其价值还未回归到户外环境[14]。

目前国内自然教育的现状是自然教育活动的主要场所为城市公园、郊野公园、植物园、动物园，以及森林公园、湿地公园、地质公园、自然保护区等；自然教育的活动内容主要是与学科教育结合的科学和素养教育、重视自然科学知识的博物教育、强调参与自然保护实践的保护教育等活动形式；但是在高中、初中、小学及幼儿园阶段对自然教育都只停留在书面的理论上，家长们都以考取理想的大学为孩子们的目标，缺乏近自然学习的机会；在民间学习机构，学习营、夏令营、国际游学等不成体系且只有部分家庭能参与其中而非全民性的；在家庭教育中，父母在环境保护教育方面的疏忽导致了孩子保护意识的缺乏。

（二）存在的主要问题

（1）相关法律法规不健全。目前，我国尚未有专门针对或者涉及自然教育的法律法规和规章制度，我国自然教育工作难以深入开展。

（2）自然教育专业人才匮乏。我国自然教育人才的缺乏，导致自然教育项目设置、课程开发、活动开展和教材编写等难有突破。

（3）缺乏自然教育信息交流平台。如今，我国仍缺乏可以推进自然教育向上发展的信息交流平台，导致信息交流不畅，自然教育资源难以被充分利用，影响着我国自然教育的整体推进。

（三）对策建议

1. 加快自然教育立法进程，完善自然教育标准体系

要认真总结我国自然教育经验，借鉴国外先进理念，加快推进自然教育立法进程，明确政府在自然教育开展过程中的责任，发挥各方优势，强化政策扶持，做好自然教育统筹规划，为我国自然教育系统化、专业化、规范化发展提供全方面的保障。

同时，行业标准可为自然教育工作提供技术支撑和有效遵循，标准的制定将关乎我国自然教育行业能否健康、规范、可持续发展。通过研究行业现状，总结经验，分析行业需求，针对行业发展的关键领域和紧迫问题，特别是对于从业机构、从业人员、基地场所、项目设置、活动开发等关乎

行业健康发展的核心问题，开展自然教育行业系列标准、指南、规范等指导性策略的研制和发布，不断完善自然教育标准体系，推动我国自然教育行业规范化开展。

2. 加强人才队伍建设，开展理论研究

专业人才的培养是自然教育工作的重中之重，要根据我国自身现状和需求，加大从业人才队伍的培训力度，将国内外先进的自然教育理念融入到人才队伍之中，不断探索和实践，针对性地培养从事经营管理、活动开展、教材编写等工作的专业人才，并完善我国自然教育行业人才培养体系。

同时，设置长远目标，在高校、科研机构等增设自然教育相关学科、专业，研发适合自身特点的优秀课程，组建专家团队进行针对自然教育的理论研究，培养高素质专业人才，指导自然教育实践。并在此基础上，明确行业功能定位、发展目标、重点工作领域和核心发展策略等；组织开展自然教育调研，及时掌握发展现状，提出指导意见，提升自然教育水平和质量。

3. 搭建自然教育交流平台，推进新形势的融合发展

为了提高信息流通效率，实现资源互补，促进从业机构之间资源共享和人才交流，分享自然教育行业的先进经验、学术成果等，要选择一些实力强、自然教育理念先进的机构、院校等，建立起一个全国性的自然教育交流平台。不断提升自然教育服务能力，扩大活动规模，提高活动质量，发掘更加有效的自然教育教学方法[15]。

在如今新形势下，互联网与新媒体的大力发展、"互联网+"的盛行，要充分发挥各类资源的优势，利用互联网、AR等新技术手段，加大宣传力度，开发更多的自然体验项目，提高自然教育活动的互动性，加快融合发展。

四、结　语

生态文明建设的重点就是要将自然教育融入进去，这是一条漫长且艰难的道路，我们不仅要了解更多的生态知识，培养生态意识，更要亲自深入自然，了解自然，只有不断提高公众对于生态和自然的认知，人们才能够用自然的眼光去审视林业生态建设，才能推动社会绿色可持续发展，为我国生态文明和美丽中国建设助力。

参考文献

[1] 郑芸，徐小飞.自然教育的概念厘清及比较[J].教育现代化，2019，6（50）：65-67.

[2] UZUN F V, KELES O. The effects of nature education project on the environmental awareness and behavior [J]. Procedia-social and behavioral sciences，2012（46）：2912-2916.

[3] 理查德·洛夫.林间最后的小孩[M].长沙：湖南科技出版社，2010.

[4] 邵凡，唐晓岚.国内外自然教育研究进展[J].广东园林，2021，43（3）：8-14.

[5] 胡毛，吕徐，刘兆丰，等.国家公园自然教育途径的实践研究及启示：以美国、德国、日本为例[J].现代园艺，2021，44（5）：185-189.

[6] 冀媛媛，刘海荣，梁发辉，等.青少年生态意识培养与自然教育实践探索[J].天津科技，2021，48（6）：90-93.

[7] 张秀丽，杜健，狄隽.北京八达岭国家森林公园自然教育实践与发展对策探索[J].国土绿化，2019（7）：55-57.

[8] 薛文秀.河北省小五台山自然保护区开展自然教育SWOT分析[J].河北林业科技，2021（1）：56-58.

[9] 王清涛，刘美艳，李良涛，等.基于SWOT分析的自然教育基地建设研究：以河北武安国家森林公园为例[J].林业科技情报，2020，52（4）：17-20.

[10] 王栋.塞罕坝生态旅游绿色发展探索[J].江西农业，2019（24）：43.

[11] 陈南，吴婉滢，汤红梅.中国自然教育发展历程之追索[J].世界环境，2018（5）：72-73.

[12] 汪家粤，魏立华.国内自然教育场域规划设计研究进展[J].智能建筑与智慧城市，2021（5）：42-43.

[13] 黄志杰,魏开.我国自然教育融入城市绿地实践及思考[J].城市住宅,2021,28（5）：52-55.

[14] 马双丽，何婷，赵雅慧，等.城市公园自然教育课程体系研究[J].创新创业理论研究与实践，2021，4（10）：66-69.

[15] 赵兴凯.我国自然教育发展现状分析与发展建议[J].绿色科技，2021，23（9）：208-211.

做优做强自然教育事业，
助力中华民族伟大复兴

郭书彬

（河北林业生态建设投资有限公司　河北　石家庄 050011）

一、自然教育的概念

自然教育是参与者在自然体系下通过体验来培养和释放潜能，通过科学方式和系统手段实现对自然信息的采集、认知、整理、传承和创新，在参悟和启发下形成系统逻辑思维的教育过程，是以自然为师，培养优质生存能力，培养生活强者为目的的一种教育模式。

自然教育是在自然实践中，倡导人和自然和谐关系的教育，是既区别于应试教育又区别于认知教育，也高于素质教育的一种教学方法，它以体验方式来发现问题，通过深入思悟提高实践能力和创造精神，是对传统观念、教学内容、教育方式的探索和改革，以达到培养高素质人才的教育本质目的。

1979 年 6 月，中美教育交流团通过对两国学校基础教育的考察，得出这样的结论：美国的学生纪律自由散漫，基础知识浅薄，学校和家长缺乏管理；而中国的学生则是纪律严明，基础扎实，学习刻苦，学校和家长管理严格。所以，再过 20 年，中国在科技文化方面必将超越美国。然而，20 年后，即到了 1999 年美国培养出了四十多位诺贝尔奖得主，而中国的这一数据是零。虽然诺贝尔奖不能代表一切，但是它在世界科技、文化上的影响力是举世公认的，我国在芯片等高新技术上被美国为首的西方国家卡脖子，我国的导弹卫星技术的成功也与国外技术人才的引进回国共同研发有密不可分的关系。

自然教育伴随着人类的存在和发展，牛顿通过对苹果从树上掉下来的观察发明了第一定律，瓦特通过对开水壶盖跳动的观察发明了蒸汽机，阿基米德发现了浮力定律……我国也有曹冲称象等例子，道家有一生二、二生三、三生万物的自然现象观察感悟，中国古代圣贤倡导天人合一、道法自然，孔子说智者乐水、仁者乐山……人类的农事活动、水文气象、天文地理都是对自然的总结和经验技术的传承，它为人类的生存提供了物质基础，也是造成国家和地区间发展不平衡不充分的重要原因。大教育家卢梭指出：每个人的心中都有一片大自然，唯有亲身实践，才能感知。

二、自然教育资源

河北省地理丰富多样，要素齐全，位于东经113°27′—119°50′、北纬36°05′—42°40′之间，地处华北，漳河以北，东临渤海、内环京津，总面积18.88万平方公里，高原、山地、丘陵、盆地、平原等地貌类型齐全，有坝上高原、燕山和太行山山地、河北平原三大地貌单元。河北省属温带半湿润半干旱大陆性季风气候，年日照时数2303.1小时，年无霜期81~204天，年均降水量484.5毫米。辖11个地级市、2个省直管市（其中：47个市辖区、20个县级市、95个县、6个自治县），共有1970个乡镇、50201个村，常住人口7500多万。

截至2019年底，全省森林面积9845万亩，森林覆盖率35%。草地资源面积4266万亩，其中：天然草原4214.06万亩、人工草地51.94万亩，全省天然草原综合植被盖度72.3%。湿地面积1413万亩，占河北省土地面积5.02%，建立湿地公园54处（国家级22处）。自然保护区44处（国家级13处），总面积1075万亩，占河北省土地面积的3.78%。有风景名胜区51处（国家级10处），总面积848.85万亩。有105个森林公园（国家级29个），总面积779万亩。地质公园19处（世界级2处、国家级9处），总面积253.5万亩。沙漠公园3处（均为国家级），面积10.67万亩。国有林场146个，总经营面积1222万亩。

除了林业系统管理的自然资源以外，还有其他系统的采摘园、博物馆、植物园、矿山公园和民营企业开办的教育基地也开展自然教育活动。

三、自然教育管理机制

以习近平新时代中国特色社会主义思想为指导，深入贯彻党的十九大及历次全会精神，弘扬科学精神，普及科学知识，激发科学梦想和科学走向，助推全民科学素质全面提升，为高水平科技自主自强提供坚强支撑，为建成世界科技强国，实现中华民族伟大复兴做出更大贡献，国家林业草原局发文要求各级林业主管部门要充分发挥各类自然保护地的社会职能，将自然教育作为林业事业发展的新领域、新举措、新亮点谋划部署，强化责任落实，建立区域，统筹协调，扎实推进，提升能力，打造品牌。中国社科院发布的2020年社会蓝皮书指出，2019年中国人口城镇化率超过60%，基本实现城市化，这意味着越来越多的人长时间接触不到自然，生活在钢筋水泥的丛林里，他们开始有了回归自然的需要。

四、自然教育现状

据了解，河北省目前的自然教育机构分为自然保护地和民营机构两大类，以公益事业单位为主的自然保护区主要从事大中专院校实习和公众教育活动，民营机构主要从事具有营地、课程、教师的自然教育活动。河北省林学会响应中国林学会的号召，在省林业和草原局的大力支持下，在2019年3月成立了自然教育专业委员会，挂靠在河北林业生态建设投资有限公司，专业委员会考察了北京林学会、八达岭森林公园，参加了第五届全国自然教育大会，在第二届华北自然教育论坛上做了交流发言，筹备召开了河北省自然教育主题学术大会，促进了自然教育走进森林，走进自然保护地，走进生活和校园。

五、自然教育的制约因素

（一）领导重视程度不够

自然教育是强基固本的事关中华民族伟大复兴的教育模式，它能提高国民素质，唤起国民对大自然的热爱、探究、思考和保护，是我国经济发展到高水平阶段的社会需求，是培养高精尖技术人才，破解技不如人、以美国为首的西方国家卡脖子的重要手段，只有重视自然教育、国民独立思考精神，才能自力更生地撑起我国的军事、科技发展重任，研发制造更多的更先进的国之重器和大国利器，保证我国的和平发展和高速发展。

（二）合作机制不够畅通

优质自然教育资源的拥有者和资源需求者衔接不畅，一方是财政保证的事业单位，一方是仅有脆弱经营能力的民间机构，他们只能各自利用自己的基地艰难地推进自然教育事业，虽然理论上双方互补是最佳的选择，但是实践中很难有效地结合，事业单位拥有资源缺乏积极性和灵活性，也不愿对社会开放资源引起不必要的后果，社会机构只能自筹资金自建基地。

（三）自然教育多头管理

自然教育不是刚需，虽然林业部门在强调开展自然教育的同时，又开展了全国3亿青少年进森林活动，但研学教育是由教育部门主管的，需要协调教育部门共建基地才能完成，林业事业单位和社会机构只能起到配合和辅助作用，所以只有协调各方资源，统筹安排，教育部门贡献出学生资源，林业部门贡献出自然资源，社会机构贡献出经营灵活性，加大投入，按照融合研学教育、劳动教育、体育教育、自然教育为一体的综合要求，选择自然保护区的合适区域和毗邻区域，结合社会力量，共建、共管、共享教育基地，在双减政策的推动下，为学校和社会构建良好的教育生态、森林生态和社会生态。

（四）人才制约

自然教育需要具有丰富自然知识和讲授能力的复合型专业人才，既要有理论知识，还要有实践经验，在实操中很少有这样的合格人才，我们河北省林学会对自然讲解师的要求也仅仅是线上23节课和线下3天的培训班，这远远满足不了自然教育的要求。

（五）基地制约

自然保护地有成为基地的良好资源禀赋，但是国家财政没有充足的资金打造，社会资本由于体制原因很难和国有事业单位形成合力，只能自建或在苗圃、采摘园、幼儿园基础上改建基地，因为资源缺乏多样性和历史感，效果不太理想，容易成为儿童乐园或游园基地。随着双减政策的实施到位，将会有大批的培训教育机构加入自然教育行列，对规范、合格的基地需求更多更高。

（六）新冠疫情、森林草原防火、防汛的政策制约

新冠疫情的常态化、随机化，对服务全国和区域性的教育方式是很大的否决项，只要有一处出现疫情，就会中断当下和后一段的教育活动。森林防火从每年的9月15日到第二年的6月15日都是防火期，挡住了自然教育的脚步。就在仅仅剩下的3个月内，还要注意随时听取天气预报，把防汛放在首位，防止极端天气造成的洪水和泥石流等地质灾害造成财产损失和人员伤亡。

（七）资金制约

除了自然保护地有国家的建设补助资金外，林业部门提倡的自然教育事业还没有得到国家的其他补贴，社会机构从事自然教育只能自筹资金，投入的资金形不成有效的金融资产，银行融资难、保险费率高是难以逾越的两座大山。

（八）公众认可制约

中国的就业机制决定着就学机制，好的工作只有好大学的毕业生才能报考和考中，望子成龙、望女成凤的中国人从应试教育到自然教育的转变是需要一个过程的，只有成绩不太理想的大部分人和成绩很好的少数人可能会很快接受自然教育理念。

六、解决方法和建议

面对国家社会对自然教育的迫切需求和发展窘境，要破解自然教育事业发展难题，需要做到以下几点：

（一）完善顶层设计

随着我国国力的不断提升，党的十八大把建设生态文明写进党章，而与之相对应的教育方式也应该随之改变，进行相应的提高和创新，完成从普及教育、应试教育、素质教育到更高级的自然教育方式转变，十年树木、

百年树人，通过正确的、先进的教育方式的选择，提高全民的整体素质和创造力，助力中华民族伟大复兴。

（二）理顺体制

践行"绿水青山就是金山银山"理念，把自然保护地的科普职能和大中专学校及中小学校的教育职能结合起来，充分发挥社会资本方的灵活作用，联合多方主体，整合优质资源，使我国的自然教育基地既能建得好，又能管得好、用得好，让沉睡的保护地资源焕发生机，让盲目旅游、想回归自然的人们找到优质的学习游憩地，让全社会共建、共享、共用、共管自然教育基地，在学习中工作中体验到自然的力量、生态的价值和社会的进步，缩小城乡的经济差距、生态差距和文化差距，早日实现中国梦。

（三）全面加强人才培养

自然教育师需要唤醒的是体验者对大自然的兴趣，认识到我们熟视无睹的自然蕴藏着无尽的、宝贵的、受益终身的科学知识，是人类进步的阶梯，是我们身边的活老师，而不是风吹日晒、枯燥无味的野外说教，更不是变相的课外培训，通过系统的、生动的讲解能把人带进科学的迷宫，能寓教于乐、寓教于动、寓教于悟，揭示受众无可限量的天赋本能和发展的多样性，激发体验者的科学梦想和远大志向。

（四）全面教育和重点教育相结合

青少年是祖国的未来，是自然教育的主体，在基地建设、教师配备、课程设置、时间安排等方面既要顾及全体又要突出重点，把自然教育基地建设成为师生家长共同喜闻乐见的学习场景。

七、结 语

自然教育是以自然生态环境为背景，使体验者融入自然，在感知自然的过程中，了解自然，认识自然，掌握自然，爱护自然，更重要的是同时获得了自身能力的增长，通过与自然的有效连接，达到了智慧成长和身心健康，帮助人们树立了正确的人生观、价值观，培养了受用一生的优质生存能力，解决了教育中的个性化问题，有助于使人们成长为生活的强者、国家的栋梁。

所以需要引起全社会的高度重视和广泛关注,加强部门协作,需要社会的认同和高度参与,只要我们坚持不懈地努力下去,我们一定会培养出德智体美劳全面发展的高素质人才,为军事、科技的自立自强提供坚强的人才支撑,为建成世界科技强国、早日实现中国梦做出更大贡献。

自然教育理念下自然保护区教育模式创新研究
——以小五台山自然保护区为例

袁硕烁　仰素琴　杨　照　李　白　张小婧　张文慧
（河北小五台山国家级自然保护区管理中心　河北　张家口　075700）

一、小五台山自然保护区开展自然教育的意义

当代社会，为实现经济社会的快速发展，各类产业应运而生，随之而来的是自然资源受到消耗，越来越少，自然环境遭到破坏，越来越恶劣，各种自然灾害如雾霾、沙尘暴、滑坡、泥石流等频繁发生，引起气候变化，导致水污染等与公众自身健康和安全相关的问题之出现，各类新型疾病如SARS、新冠肺炎等肆虐人类。在残酷的现实面前，人们意识到大自然的不可侵犯，对"人定胜天"和"技术决定论"等观念进行了反思，越来越多的人认识到顺应自然、尊重自然、保护自然的重要性和必要性。与此同时，生态文明建设理念的引领和绿色发展的时代需求，也让更多人开始重新审视人与自然的关系和健康环境对人类及未来可持续发展的意义，渴望回归自然，亲近生命的本源。国家在自然保护事业中经过多年的努力，已建立数量众多、类型丰富、功能多样的各级各类自然保护地，在保护生物多样性、保存自然遗产、改善生态环境质量和维护国家生态安全方面发挥了重要作用。小五台山自然保护区作为自然保护地第二类自然保护区"自然生态系统"类别中"森林生态系统"类型的保护区，在近40年的

历史长河中，在自然教育过程中，融合了"道法自然""天人和谐"理念，有着自然审美教育、自然人性教育、自然理性分析和自然哲学教育等多方面教育，在自然教育中所处的地位、承载的功能、发挥的作用不可替代，意义重大。

二、小五台山自然保护区开展自然教育的优势

（一）区位优势

小五台山自然保护区位于河北省西北部，地理坐标为东经114°47′8″—115°28′56″、北纬39°50′41″—40°6′30″，地理区位关键，优势显著。东与北京市门头沟区接壤，距北京市区125公里，北距张家口市150公里，南与保定市的涞水、涞源接壤，西与山西广灵接壤，周边有109、207国道、京张及张石高速与界外连接，交通十分便利。保护区所辖范围包括蔚县和涿鹿两个县，总面积29992公顷，辖区东西长81公里，南北宽58公里；辖区周长303公里；森林覆盖率75.4%。

（二）自然条件优势

小五台山自然保护区主要保护对象是暖温带森林生态系统和褐马鸡等国家重点保护野生动植物。保护区东西长60公里，南北宽28公里，总面积26700公顷，它地处燕山——太行山系区，太行山北段，小五台山主峰东台海拔2882米，为太行山主峰、河北最高峰，是属森林生态系统类型的自然保护区。保护区的生态质量以生物多样性、典型性、稀有性、自然性和脆弱性等特性著称，受到社会上多领域及相关人士的关注和青睐。

1. 地形地貌优势

小五台山地质构造特殊，处于燕山—太行山山系区，地形复杂，山峰挺拔峻峭，沟深坡陡，海拔在2300米以上的山峰有50多座，海拔在2000米以上的山峰有134座，最著名的东、西、南、北、中台五座山峰属于太行山脉，海拔均在2600米以上，其中东台海拔2882米，是太行山脉主峰，为河北第一峰，灵山、东灵山属于西山山脉，灵山是西山山脉主峰。

2. 植物资源优势

由于小五台山地形地貌复杂多样，具有华北地区保存最为完整的森林

生态系统，是暖温带森林生态系统垂直带谱分布最明显的典型代表，自上而下形成了针叶林、针阔叶混交林、阔叶林、灌丛、灌草丛、草甸、沼生植被7个植被型。完整而典型的植被类型构成了小五台山自然生态系统主体，为物种多样性和遗传多样性提供了广阔的生存空间，成为华北地区物种最为丰富的地区之一，素有"河北屋脊"之美誉，并且被学术界称为"天然植物园"和"良好的基因库"。

3. 动物资源优势

小五台山分布陆栖脊椎动物共计139种，其中国家一级重点保护野生动物6种，包括褐马鸡、金雕、白肩雕、大鸨、黑鹳和豹。褐马鸡是世界珍禽、中国特有、国家一级重点保护野生动物，在国际上，褐马鸡被誉为"东方宝石"，和"国宝"大熊猫齐名。保护区的动物物种丰富度指标在我国北方是比较高的地区之一。

4. 昆虫资源优势

小五台山分布有昆虫2776种，隶属于4纲25目254科1603属，是昆虫种类和数量比较丰富的地区之一。

5. 菌类及蜘蛛资源优势

小五台山自然保护区共记录真菌和粘菌135属468种，蜘蛛500余种。

6. 自然景观和人文景观资源优势

小五台山山势巍峨，峰峦起伏，壮丽挺拔，蔚为壮观。丰富的生物多样性及原始的亚高山地貌，呈现出独特的自然景观；山、水、石、树、洞、穴、声相互交辉；原始森林、野生动物、悬崖峭壁、山涧流水以及古寺庙遗址、古碑、古塔、古树等融为一体，造就了小五台山的古、野、幽、奇、秀、险、新、特、多等特点；许多古老的传说又增添了小五台山的神秘色彩。保护区东临京津，西依山西大同，南接保定，北枕塞外古城张家口，占据优越的地理环境，凭借优美的自然资源优势，影响力和知名度逐年提高，来自京、津、蒙、晋科普游活动的人员与日俱增；区域所处张家口市蔚县和涿鹿两县境内，两县的总人口约80万人；每年的科学考察、教学实习和生态科普游人数达数万人。

（三）自然教育设施和素材优势

保护区现有自然博物馆1处，馆内设有小五台山的全貌沙盘、地质厅、自然进化演化厅、植物厅、动物厅、昆虫厅、展演自然科学内容的 3D 厅等展区，总体展示出小五台山的地形地貌、动植物资源以及重点保护对象等；建立起保护区的信息管理系统一套，数据涵盖了保护区的全部资源和管理信息，包括动植物资源、昆虫资源、菌类、生态数据、旅游资源、防火体系、社区现状及保护区管理信息等，堪称保护区的压缩版和高效工作平台；建有科普展厅 1 处；出版的专著有《小五台山植物志》《小五台山陆生脊椎动物资源调查》《小五台山昆虫资源》《小五台山昆虫》等；在新浪网开设有小五台山官方微博；制作了多部展示保护区、富有自然教育功能的音像资料等。

（四）小五台山自然保护区开展自然教育队伍优势

由于保护区的职能是保护、科研、宣传教育、培训和可持续利用，所以在职工队伍中一类是技术工人，职责是巡护、监测及维护基础设施；另一类是专业技术人员，职责是科学研究、自然教育、自然宣传、资源监测及管理。现拥有专业技术人员 84 人，其中，正高级职称 11 人，副高级职称 21 人，中级职称 25 人，初级职称 27 人。

三、小五台山自然保护区开展自然教育现状

（一）对周边民众的自然教育

保护区处在蔚县和涿鹿两县境内，辖区周长 300 多公里，东面与北京市门头沟相邻，南面与保定的涞水、涞源接壤，西面与山西相邻，周边民众身临其境，通过与大自然的亲密接触，所看到的、听到的、感受到的都是这片得天独厚的自然资源的馈赠，自然而然地受到了自然教育，再加上保护区不同时段、不同形式的各类活动，使得广大民众受到更多、更丰富的自然教育。

（二）对高校师生的自然教育

多年来，正是因为小五台山的独特优势，吸引了国内大批和多所高等院校师生到保护区开展教学实习，接受自然教育，培养走近大自然、解读大自然、理解大自然、热爱大自然情怀。这种将教学与自然教育相结合的做法在高等教育层面反响强烈，受到社会各界及相关人士的广泛关注，取

得了良好效果。先后被命名和授予宋庆龄基金会野生生物基金管理委员会青少年科普教育基地、河北省青少年科技教育基地、全国林业科普基地、张家口市青少年科普教育基地。成为北京师范大学、中国农业大学、河北大学、河北师范大学、廊坊师范、沧州师范等10多所高校的教学和科研基地，也是自然教育基地。

（三）对青少年的自然教育

培养青少年的大自然情怀是至关重要的，目前，小五台山对青少年的自然教育是通过夏令营和冬令营活动完成的。与教育部门和中、小学校联合，利用寒暑假期，组织中、小学生到自然保护区开展夏令营和冬令营活动，以自然为师，以人为媒介，让青少年融入大自然，对自然信息进行采集、整理、编织，实现青少年与自然的有效联结，促进青少年的智慧成长和身心健康发展。

（四）对科研人员及社会人士的自然教育

社会中大多部门、单位的科研项目和课题研究是必须通过到大自然中才能完成的，小五台山不失为最好的去处，许多科研院所和社会各界人士多年连续到保护区开展课题研究和项目实施，在工作过程中融入自然，寻找规律，发现新事物，从中获取知识和数据，取得新成果。受自然的熏陶，进而更新观念，开发思维，获得不一样的人生。

（五）对登山爱好者的自然教育

当今，登山爱好者越来越多，崇尚自然、渴望回归自然的理念和需求越来越迫切，从高度气势、地形地貌、景观路线、气候水文等各个方面而言，小五台山是他们的最佳选择。户外登山的人群中，年龄有60岁以上的老人，有40岁左右的中青年，也有10岁上下的少年，职业包括各行各业，教育面广而大。

四、小五台山自然保护区开展自然教育存在问题

（一）对自然教育工作的认识不足

随着生态文明建设理念的引领和绿色发展的时代需求，让更多人开始重新审视人与自然的关系和健康环境对人类及未来可持续发展的意义，渴

望回归自然，亲近生命的本源。而保护区自然教育工作政策不清晰，亟须专项规划明确发展思路。多年来受当时建立和发展的客观性和时代局限性，思维方式、发展理念、认知程度等还远远落后于时代，对自然教育工作处于浅显、表象阶段，深度和广度不足。目前开展的自然教育建设等自然教育工作属于初级阶段，基础设施比较单一，没有突出主体特色，不利于传播以保护区为特色的生态文化。

（二）自然教育功能发挥不足

多年来，自然教育形式单一，教育手段和方法仅限于少数几种特定的方式，区内没有开发自然教育类的课程，仅设置了一些宣教展厅、展板，开展了一些日常宣传活动，没有形成独具特色的林业自然教育普惠性产品。教育目标群体也相对固定，受众面狭窄，局限于点，而不是面；缺乏整体规划，没有划定相对固定、专门用于自然教育的区域，运行中存在零碎化、片段化现象，不规范，不成体系，科学性和系统性不足；同社会上教育机构、相关部门、特需群体和社会团体联系不够紧密，没有形成合力，共同发展自然教育事业。

（三）基础设施不健全

现有总面积765平方米的小五台山自然博物馆，馆藏各类藏品展品19870份，野生动物收容救护中心一座，生态监测站、气象观测站各一处，各管理区设有简单的自然教育体验解说步道和户外的体验区。管理区共设有500余人的食宿服务点，周边有当地社区居民开办的民宿、农家乐等，没有专门的访客服务中心。自然教育面向全社会，受众人群中不分男女，也没有年龄界限，五台山地势险峻，险象丛生，自建立保护区以来没有进行过开发，所以各类防护设施不具备，道路不整齐，环卫设施缺乏，救援装备不健全，解说系统不成熟，很难满足自然教育的需要。

（四）队伍专业化素质不高

管理中心从事科普宣教专职人员5人，目前没有专业的自然教育专业人才，也没有自然教育的社会机构在辖区内开展工作；区内共有专职护林人员80余人，负责日常的巡护、宣传、管理工作。但是保护区没有形成一套特定的符合保护区自身现状的自然教育工作体系，又缺乏环境解说员、自然教育导师等自然教育工作专项人才，对外来的野外生态科普游群体来讲，基本上属于散管状态。现有队伍中大多以林业相关专业为主，而且大多数是从校门进入保护区门，没有任何教育方面的工作经历，受多方面原因的限制，很少参加外出培训、进修等关于自然教育方面的学习机会，所以现有人员专业素质不高，在自然教育工作中只能被动应付，不能主动创新和拓展。

五、今后策略及改进方法

（一）提升自然教育专业化和系统化水平

树立规划先行理念，根据小五台山的优势和劣势，科学规划自然教育工作。在不影响自然资源演替、科研任务和自身保护的前提下，按照功能区划，选定包含森林植被、野生动物、典型地貌、溪流、地质遗迹等尽量多的自然资源的合理区域，划出固定线路，专门用于开展自然教育，以保障自然教育基本功能、提升自然教育社会效益。将自然保护、自然教育内涵、解说系统、风险防控、安全责任、管理协调等内容进行合理规划，保障自然教育工作有序开展，提升自然教育规范化、专业化和系统化水平。

（二）加强宣传，提升社会影响力

保护区肩负着教育广大社区群众保护自然的责任，是教育群众、普及科学知识的大课堂，要积极向社区群众宣传国家有关法律、政策、自然保护知识和有关规章制度，通过宣传教育，提升全社会的自然保护意识，把爱护野生动物，爱护大自然的一草一木变成每一位公众的自觉行动，使人们产生回归自然、返璞归真的强烈愿望，自觉抵制破坏生态的不良行为。

为迎接 2022 年北京冬奥会，展示保护区形象，宣传生态文明的重要性，作为北京市周边屈指可数的国家级自然保护区，保护区将在张家口市区繁华地段建立保护区宣教中心，内设展览馆、影音播放厅、职工培训室、信息网络中心等，并配备宣传车、扩音器、大型影音播放设备等必要的宣传设施，为保护区的对外宣传奠定坚实基础。制作声光电一体的保护区沙盘模型，建立自然保护区网站，与国家林草局网站对接；制作内容生动的信息栏、宣传标牌等，建立完善的职工培训制度和培训计划，不断提高保护区管理局技术人员的业务水平。

（三）推进自然教育工作的常态化和制度化

针对自然教育的重要性和必要性，基于保护区承担的职能，加上高度的社会责任感，积极同教育部门、相关机构和社会各界人士合作，制定规范、系统的政策办法，形成科学合理的机制，使自然教育常态化、正规化。真正实现建设生态文明，满足人们日益增长的教育、精神、文化需求，提高人民生活质量，推进自然保护事业又快又好发展。

（四）提高管理人员的专业素质

做好自然教育工作需要有高素质、责任感强、富有奉献精神的专业团队。面向未来，针对现有人员情况，通过学习培训、进修、请相关专业人才前来指导、实地考察等多种手段和渠道，快速提高从事自然教育的团队人员，使之掌握和了解国内外关于自然教育方面的现状，面对未来，明确自然教育的目标方向，需要做什么，怎样做。

六、发展方向和目标

基于小五台山自然保护区自身的职能和职责，遵照上级主管部门的要求，秉承"自愿、合作、共享、包容、服务"的理念，广集智慧，多多合作，强强联手，在保障和提升自然教育基本功能的前提下，将自然教育纳入社会公益性事业，形成政府推动，职能部门承担，全民参与的机制，满足公众对体验自然、感知自然、学习自然的需要，改进公众思维方式，树立正确的世界观、人生观和价值观，真正实现人与自然、人与人、人与社会和谐共生、良性循环、全面发展、持续繁的生态文明。学习应因地制宜的方式方法，丰富其内容和活动形式。以自然资源和人文资源为基础，以"河北屋脊"之美誉、太行山主峰为底蕴，设计规划面向野外登山游客、社区居民、中小学生等不同群体的课程体系和活动形式。

雾灵山自然保护区开展自然教育工作的研究与实践

魏 巍 艾大伟

(雾灵山自然保护区管理局 河北 隆化 067300)

自然教育,是让体验者在生态自然体系下,在劳动和自然体验中接受教育;是解决如何按照天性培养体验者,如何培养体验者释放潜在能量,培养如何自立、自强、自信、自理等综合素养的同时,树立正确的人生观、价值观,均衡发展的完整方案;是解决教育过程中的所有个性化问题,培养面向一生的优质生存能力、培养生活强者的教育模式。自然教育是以自然环境为背景,利用科学有效的方法,使人融入大自然,通过系统的手段,实现人对自然信息的有效采集、整理、编织,形成社会生活有效逻辑思维的教育过程。真实有效的大自然教育,应当遵循融入、系统、平衡的三大法则。

自然教育的意义,不仅仅是培养青少年对自然与科学的兴趣,为中国的未来发展储备科学人才;更重要的可能还在于熏陶人的情操,提高全民科学素质,培养人文主义情怀;自然教育的另一重要意义是,从自然中体会生命的价值,以及不同个体之间的合作精神。

雾灵山自然保护区自建立初期,就开始着眼于自然教育工作,尝试发挥自然保护区的教育功能、社会功能,但因全国自然教育起步较晚,我们便在实践中摸索前进。

一、雾灵山概况

雾灵山是燕山山脉主峰,地处北京、天津、唐山、承德四市之间,本名伏凌山,曾叫孟广硎山、五龙山,主峰海拔2118米,最低海拔450米,高差达1668.2米。雾灵山属距离首都最近的森林和野生动物类型的国家级自然保护区,东西长24公里,南北宽17公里,总面积14246.9公顷,有高等植物1870种,其中有珍稀濒危保护植物人参等10种,陆生脊椎动物247种,其中国家一、二级重点保护野生动物有金钱豹、斑羚等40种,昆虫3007种,大型真菌232种,森林覆盖率为93%,被称为"华北物种基因库"和"南北动物的走廊和分界线"。

二、雾灵山开展自然教育的优势条件

雾灵山依靠自身优势,坚持多年开展自然教育活动,不断加强自然、生态科普基地建设和生态文明教育体系建设。目前已有雾灵山动植物标本室、雾灵山生态博物馆、雾灵山昆虫馆和对公众开放的自然生态教育专题线路。

(一)优越的地理位置

雾灵山东西长24公里,南北宽17公里,地理坐标为东经117°17′—117°35′、北纬40°29′—40°38′,位于河北省承德市兴隆县境内,周环京、津、唐、承、秦五市,距北京120公里,距天津168公里,距承德95公里,距秦皇岛180公里,东距唐山107公里,距石家庄400公里。雾灵山交通便利,铁路、高铁、高速公路从这里通过,可快速直达北京、天津、承德、唐山等周边城市。

(二)丰富的自然资源

(1)多样的气候气象。雾灵山属暖温带湿润大陆性季风区,具有雨热同季、冬长夏短、四季分明、昼夜温差大等特征。地形地貌的复杂性,决定了气候的多样性,"山下飘桃花,山上飞雪花",素有"一山有三季,十里不同天"之称。年平均气温7.6℃,最冷月1月,平均气温 –15.6℃;最热月7月,平均气温17.6℃。因雾灵山的山体高大,森林茂密,成为南北气候交汇地,夏季到来,云雾弥漫,雨量充沛,年均降水量763毫米。

（2）丰富的净水资源。雾灵山地处潮河和滦河上游，由919条溪河构成雾灵山水系，水资源十分丰富，每年流入密云水库6679万立方米、潘家口水库4321万立方米，是北京、天津的重要水源地。

（3）优良的空气质量。蓝天、白云、青山、绿水是视觉的享受，也是雾灵山的常态。雾灵山森林茂密，空气清新是京津地区重要的生态屏障和健康养生的森林疗养院。

（4）丰富的动植物资源。雾灵山经过270多年的封禁和保护，区内动植物物种丰富，植被保存良好，植被类型多样，森林覆盖率高达93%，形成了"森林满山，树木遮天、鸟兽飞奔、遍地清泉"的原始森林景观。

区内植被属我国泛北极植物区中国—日本森林植物亚区，目前有高等植物1870种，其中有首次在雾灵山发现并命名的模式种雾灵香花芥、雾灵景天等38种，被誉为"华北物种基因宝库"。

陆生脊椎动物247种，其中包括国家一级重点保护野生动物金钱豹、金雕2种，国家二级重点保护野生动物猕猴、斑羚羊等18种。

（三）独特的景观资源

雾灵奇峰、秀水、林海、秋色、日出、云海、佛光、晚霞、冰雪、石海等奇观构成了独特的景观资源，可谓一步一景，而且景随时异。

特殊的地理概貌，造就了雾灵山山势雄伟、层峦叠嶂、奇峰怪石、千姿百态，素以"奇、险、秀、美"而著称，著名的山体岩石景观有歪桃峰、仙人塔、三象石、大字石等70余个景点。

茂密的森林、独特的森林小环境，形成了雾灵山丰沛的水资源和种类丰富的水体景观。著名的水体景观有龙潭瀑布、小壶口瀑布、十八潭等50多处。

三、雾灵山开展自然教育的尝试与发展

我们的自然教育始终坚持保护第一，坚持绿色发展，充分发挥生态科普教育这一重要功能，雾灵山生态科普教育的发展大致经历了四个阶段。

（一）萌芽阶段

1993年以前，因为那个时候自然参观还没有社会化、生活化，所以自

然生态科普教育甚少。这个时期的生态科普教育，以大专院校教学实习现场讲解和约束为主。主要集中在暑期，不成规模，客源主要是京津冀周边高校学生，在老师带领下，集中统一行动，认知野生动植物、土壤等。从管理上重点是防火，接待上主要在农民家中。

（二）起步阶段

1993—2000年，这个时期是自然生态科普教育的起步阶段，由于我国经济发展加快，人们到自然界参观的热情开始加大，特别是雾灵山自然风光秀丽，且毗邻京津，交通便利，保护区抓住时机，成立宣传中心，有专门的机构和人员进行管理。在经营上坚持保护为主，科学合理开发，搞好规划设计；在游客管理上，正确引导，制定生态游览守则，保护一草一木，保护生态环境。

这一时期，参观者从单一学生到社会各界，主要以团体成员为主，约占70%。对参观者的自然教育和科普方面，做得较少，没有形成系统，只是宣传自然资源、自然风光，开发自然资源。

（三）发展阶段

2000—2012年，这一阶段是自然生态科普教育的发展阶段，注重生态宣传和科普教育，雾灵山保护区成为全国青少年科普教育基地。保护区成立宣传教育科，专门从事生态宣传和科普教育，建立生态博物馆。每年对周边社区的青年农民进行生态培训，培训成生态宣传员，让他们在引导参观的基础上宣传保护生态和自然，引导参观者提高保护意识。

（四）快速发展阶段

2012年至今，这一阶段是生态科普宣传的快速发展阶段。特别是党的十八大以来，坚持生态文明建设思想，努力形成人与自然和谐发展新格局。进一步加大环境教育和科普宣传投入，充分发挥保护区的生态科普教育功能，宣扬保护生态的重要性，寓教于乐，寓教于游。在保护区参观区内设置标准的、与自然协调的科普宣传和自然教育宣传牌，内容新颖。开展专题活动，让孩子走进大自然，亲近大自然。

在这一时期，不断增加自然生态科普教育的新内涵，注重森林康养，打造森林康养休闲地，建立森林康养步道和自然教育小径。雾灵山已成功入选第一批"中国森林氧吧"，充分发挥森林氧吧作用，引进森林瑜伽，充分发挥健康养生作用，不断强化自然保护区的宣传功能和社会功能。

四、打造富有雾灵山特色的自然生态科普教育活动

依据雾灵山自然保护区总体规划，我们规划设计了包括自然生态科普教育在内的雾灵山自然保护区解说系统，目前已建成了用于生态文化宣传、展示生态文明成果的科普教育基地和生态博物馆。在保护区参观游览范围内修建了与自然相协调的观光体验步道，包括仙人塔环形步道，十八潭的健康养生、自然教育步道，树石奇观森林体验、科普教育自然小径，莲花池自然生态科普教育中心，龙潭大峡谷生态科普、健康养生步道等多条对公众开放的参观线路。设立自然生态科普知识宣传标牌和健康养生解说标牌、典型树种挂牌介绍、保护，使游客进入保护区即感到浓郁的生态文化和健康养生氛围，用生态学、养生学的基本观点去观察现实事物，解释现实社会，处理现实问题。在现实生活中自觉地投身到健康养生、自然保护行列中，增加自觉生态保护的生活色彩，形成全社会关爱自然、保护生态、健康养生、积极向上、和谐共生的氛围。

（一）以森林养生为主的自然教育体验活动

（1）森林瑜伽、林地漫步、森林太极等森林运动养生体验。在森林氧吧内，依托森林生态系统和森林生态多样性景观，以石材和木材为主，注重游憩节点的主题化和特定情境化营造，以及旅游基础设施的完善。增设了游憩节点和旅游观景台，打造风格迥异的森林生态景观游览线，让大家或在林地上漫步，或打打舒缓的森林太极，或坐下来做做森林瑜伽，进行森林养生体验。

携手瑜伽馆走进雾灵山，进行森林瑜伽体验，并进行航拍记录。在清凉界景区雾灵金山平台和仙人塔景区十八潭的林间溪畔找一块平地，利用森林中现成的平台，铺上瑜伽垫，进行"有氧森呼吸，天然心享受"，让身心在绿色中徜徉舒展。通过此项活动，让大家感受到了大自然的雄奇壮观，同时又充分展现了瑜伽的柔美。

组织退休职工到雾灵山中疗养，进行林地漫步、森林太极等活动。森林中各种植物除了能过滤尘埃净化空气外，还散发含有裨益人体的芬多精，

可使人觉得空气清新而充满活力，还可以杀死空气中的细菌及防止害虫、杂草等外来生物侵害树体，另外芳多精还可以控制人类的病原菌，对疾病有一定的预防作用。各种植物所散发的芳多精，弥漫在林内，形成森林的"精气"，对漫步森林内的人们起到安定心情、清醒头脑、提高运动能力等作用。活动结束后，广大退休职工身心愉悦，全部感觉良好，纷纷表示还想参加。

（2）森林负氧离子浴体验活动。优良的空气质量对旅游者也具有较强的吸引力。科学研究表明，空气负氧离子对人体不仅有利，还有治疗保健功能。雾灵山森林环境中负离子含量较高，我们专门在龙潭景区开辟了森林负离子呼吸区，并邀请北京自驾游联盟的同行来景区进行负离子浴，以"欢乐森林、天下氧吧"为口号，实现"丛林生活、康体养生"的功能。活动中雾灵山科普专职人员给他们介绍了负氧离子对人体的益处，讲解了负氧离子浴的保健方法等，加深对负氧离子浴的理解和印象。引导他们进行了"仰望森林，舒眼健身"的体验活动。通过仰，能够舒缓肩颈压力，减缓颈肩酸痛疲劳；通过望，能够清爽平静视野，减缓眼睛干涩疲劳。森林里大面积的绿色通过刺激人的感官，实现降低疲劳、愉悦放松、改善心情、调节情绪来调节人体心理健康，在绿色的视觉环境中会产生满足感、安逸感、活力感和舒适感。活动结束后，大家认为置身雾灵山中，仰望森林漫天的绿色天网，舒眼又健身，不虚此行！

（二）编写校本教材，开展中小学生自然教育体验活动

自然实践体验活动是适应社会提高国民素质的需要，向国民展示优良生态环境、提供环境教育的一种新型游览形式。编写《自然的召唤——雾灵山自然教育与体验》一书，内容包括：介绍雾灵山自然保护区的地质地貌、气候水文、土壤岩石、历史沿革、发展现状、自然资源等基本情况；识别雾灵山的植物种类；观察植被、土壤、岩石垂直分布的变化；观察冰川遗迹、崩塌地貌、流水地貌；观察植被的水土保持功能；鸟瞰雾灵山全貌，熟悉雾灵山地貌形态类型、山势、山地气候变化；观察高山植物特征（偏冠、伏地、株小、花大、生长期短等）；草甸植物土壤剖面观察；比较阴阳坡植物垂直分布差异；观察石海起始高度，石海形成历史、形态及发展趋势。该书适合中小学生阅读。

充分利用校本教材进行自然实践体验活动，这些活动大部分集中在雾

灵山十八潭开展。十八潭是一条集森林氧吧、森林康养、森林养生、森林体验于一体的自然教育线路。山中的溪水由山顶而下，流经山谷，偶有较大落差，与自然环境相得益彰，相映成趣。

（1）组织学生进行"浴潭识冰川"的自然实践体验活动，让学生们自己先仔细观察浴潭位置、结构和形状，然后思考这是人工的还是天然的，也就是考虑这个潭是怎么形成的。然后给大家介绍浴潭是十八潭从下至上的第三个潭，位于雾灵山保护区的仙人塔景区十八潭康养线路的中下段，潭面大约20平方米，潭深达3米多，潭壁圆滑、厚重，镶嵌在花岗岩基岩里。整个潭的外形就像一个浴盆、浴缸，所以叫浴潭，是最具有科研价值的一个潭。通过浴潭给学生们讲解第四纪冰川遗迹的知识，原来雾灵山地区第四纪冰川遗迹主要是石臼、石海、漂砾，而浴潭就属于冰川石臼，它的形成是在冰层的巨大压力下，呈"圆柱体水钻"方式，向下进行强烈冲击、流动和研磨而形成深坑，一般形状为口小、肚大、底平，学术上称为冰川蚀坑，也称冰臼、石臼；以及它对研究"气候及环境对人类生存发展影响"的重要作用。其间同学们全部认真聆听，请老师合影留念。通过现场提问，同学们对这类知识都已了解，老师们也表示这种方法效果很好，值得推广。

（2）进行"之字瀑探水源"的自然实践体验活动。先让学生在之字瀑附近看看之字瀑的形状，为什么叫之字瀑，仔细找找水源在哪里？然后给大家介绍之字瀑是十八潭线路上的第三条瀑布，位于十八潭中段靠上一点，水流沿落差10余米的石壁东奔西闯地狂泻而下，连绵奔腾，豪放洒脱，就像书法家特意写上的狂草"之"字，故名"之字瀑"。主要介绍雾灵山并没有真正的泉眼，那些水是从森林土壤下的岩壁上、石缝里慢慢渗出来的，而这些水就是森林这座绿色水库含蓄出来的水源，通过此项活动，让同学们了解雾灵山的水源来源、分布情况和雾灵山森林对京津地区的重要性。雾灵山水资源相当丰富，是京津用水的主要供给之源，分别经滦河、安达木河、清水河进入潘家口和密云水库。

（3）认识植物种类的活动。雾灵山的植物种类非常丰富，有被子植物1475种，裸子植物13种，苔藓和蕨类植物382种。通过专业老师的讲解，同学们认识了核桃楸、益母草、草乌、白屈菜、丁香、八仙花、龙牙草、山楂、山葡萄、猕猴桃、香杨、毛榛等花草及其果实，让同学们了解雾灵山美丽的原因，感受到"春华秋实"真正含义，进而热爱大自然、亲近大自然，激发爱家乡、爱祖国的情感和热爱环境、保护环境的美德。

（三）开展主题宣传活动

（1）每年的爱鸟周宣传。通过制作宣传条幅、车身条幅、宣传材料、宣传录音，宣传野生动物保护和爱鸟护鸟在保护生态、实现人类与自然和谐相处、守护我们共同的绿色家园中的重大意义；宣传鸟类科普知识，教育广大群众和中小学生懂得和掌握鸟类生活习性及鸟类保护的基本常识，增强保护鸟类的法律意识。活动培养了雾灵山周边广大林区群众和中小学生"爱鸟护鸟、从我做起、保护生态"的意识，广泛普及野生动物保护知识、加强广大群众和青少年学生爱鸟护鸟、保护自然的意识，从而喜欢大自然，保护大自然，启迪大众从心底与行动上切实去保护鸟类，保护环境。

（2）每年3月3日的世界野生动植物日宣传。野生动植物是人类的朋友，是自然生态系统的重要组成部分，是大自然赋予人类的宝贵自然资源。保护野生动植物和它们赖以生存的森林，维护自然生态平衡，不仅关系到人类的生存与发展，也是衡量一个国家、一个民族、一个城市文明进步的重要标志。通过走乡串户，面向广大周边群众巡回宣传，面向乡村干部和护林员宣传，针对学生专题讲座，保护野生动植物宣传图片展等一系列活动，提高了全社会参与野生动植物保护意识，起到了较好的宣传效果。

（3）周边林区小学防火宣传。每年的3月和11月是防火宣传月，组织人员进入林区周围的中小学，给学生上防火课，通过讲课、播放视频、发放宣传材料、现场有奖问答等方法，积极宣传防火知识，提高学生的防火意识，明确防火自救的重要性；认识简单的灭火设备，掌握一些消防安全常识及灭火、防火自救的方法。

（四）森林课堂与自然小径

在当前城市化进程快速发展的过程中，社会呈现出一种返璞归真的热潮，即人们开始回流到森林、田野、土地、高山、峡谷之中，人们开始羡慕归隐的安谧，开始欣赏农间劳作、自给自足的平静。除了这种生活方式的改变，更重要的是，人们逐渐意识到只靠学校进行知识传授的种种病垢。因此，类似于"森林课堂"这样的概念和相应的教育形式开始日益盛行。

森林课堂提供给孩子们很多的机会接受感官教育，森林里到处都是植物，孩子们通过直接触摸、闻嗅、品尝等方式认识这些植物的形状、味道及颜色，这和一般学校孩子们从书本上或从影片中认识物品所留下的印象在程度上有很大的差别。森林里所有的东西都可以随孩子的想象变成任何东西，这些不仅可以增强孩子们的社会性意识，还可以培养孩子们的想象力。

带领林区学校的师生，走进雾灵山森林课堂，行走在自然小径上接受自然教育。我们带领师生走进树石奇观自然小径，通过现场实地观察，近距离观看岩石缝里的生命奇迹，观看岩石面上的大小生物物种，让学生自己先思考地衣、苔藓、草本、灌木、大树（乔木）之间的内在联系，然后集中讲解陆地岩石面上的群落演替过程；引导学生看花草树木、听虫鸟鸣唱，了解动植物及其生活环境；做好笔记和绘图，记录大自然；依靠捡拾植物茎叶、抓捕昆虫制作动植物标本，通过讲解一些简单易记的动植物特征，认识身边的花花草草、虫虫鸟鸟，了解它们在自然界中的作用，通过这一系列循序渐进的现场教学，让孩子们掌握了更全面的能力，例如自然保护能力、环境适应能力、知识学习能力、问题解决能力等。

另外我们还带领师生一大早就走进莲花池鸟语林生态科普自然小径，事先要求学生不穿鲜艳颜色的衣服，轻声细语行走在林间小路上，先仔细辨别森林中天籁之音传来的方向，凭自己的印象分辨是什么物种，然后仔细观察灌丛、大树上这些早起觅食的各类小精灵，通过形态判断是什么物种，然后再由我们聘请的专业人员现场轻声讲解这些物种的名称、生活习性、生态作用，通过现场实地聆听观察，感受大自然的天籁之音，领悟为什么白天见不到几种小动物，实地感悟为什么"早起的鸟儿有虫吃"。

（五）人与自然和谐共生生态摄影体验

随着人们生活水平的提高和摄像机、照相机的普及，人们越来越追求高雅的精神生活，以拍摄祖国大好河山、记录游览足迹为主题的生态摄影游览活动正在兴起。

雾灵山以秀丽的自然山水、巍峨的奇峰峻岭、变幻莫测的气象景观构成独具特色的自然景观，成为人们科学考察和摄影的胜地。我们每年与中国野生动物保护协会保护区委员会合作，组织北京联合大学媒体艺术设计系的学生来雾灵山进行生态摄影。

由于生态摄影活动以自然景色为捕捉对象，尤其是对变幻莫测的气象因素影响下的自然景观感兴趣，需要靠运气、时间、技艺三结合才能达到预期目的，因此我们对生态摄影人群普遍关注的生态景色的取景角度和取景时间给予粗略规划：以山体为主的生态摄影，建议在接近北门、西门的清凉界景区、龙潭景区活动；以群山、云海为主的生态摄影，建议在五龙头景区或莲花池附近活动；以歪桃峰、五龙头、仙人塔、龙潭瀑布、大字石为主的生态摄影，受取景光线的约束，建议在雨后的晴天下午活动；以龙潭阴坡林海为主的生态摄影建议在上午9：00以前或下午3：00以后侧逆光时活动；以花卉为主的生态摄影，建议在5月中旬至9月中旬在区内活动；以秋色为主题的生态摄影，建议在9月中旬至10月中旬在区内活动；以清凉界峰为主的摄影写生，建议在落松台至清凉界的公路附近活动。

由于雾灵山在自然教育方面的努力，先后被国家命名为全国青少年科技教育基地、全国林业科普基地、中国青少年科学考察基地、中国避暑名山、中国森林养生基地、中国森林氧吧、中国最美森林、中国最佳森林休闲地等。

五、雾灵山自然教育的未来展望

雾灵山的自然教育最终还是落到推动全民科普教育这一总体思路上来，要在深入贯彻落实习近平新时代中国特色社会主义思想和党的十九大精神的基础上，以生态文明建设为统领，培育和传承生态文化，创造和提供质量更优、数量及形态更丰富的生态福祉，满足人民群众日益增长的美好生活需要，推进自然教育健康有序发展，建设全民自然教育示范基地、国际自然教育目的地，构建人与自然和谐共生的生态文明新格局。

（1）推进全民自然教育行动。与林区中小学、兴隆县及周边学校、乡镇社区建立长效协同机制，倡导和推进全民、全龄自然教育行动。实施自然教育"进家庭、进社区、进学校、进企业、进城市、进乡村"的"六进"行动。带动各校（园）实施"将自然带进课堂，将孩子带入自然，将自然教育价值取向带给家长和社会"的多维度教学，统筹推进综合实践课程与自然教育融合发展。

（2）建设自然教育开放空间。因地制宜，规划建设一批自然教育场域和设施，推进自然教育公益行动，组织开展面向社会的自然教育活动。

（3）强化自然教育示范建设。持续推进自然教育标准示范体系建设，加强自然教育示范单位基础设施设备建设。打造一批具有雾灵山地域特色的自然教育精品课程和线路。开展"绿色小卫士"、"亲亲自然"和"康养课堂"等自然教育活动和课程品牌建设。

（4）培育多元自然教育主体。鼓励基金会、社会组织、民办非企业和各类志愿者在雾灵山自然保护区参与和开展自然教育工作。

（5）拓展自然教育交流合作。推动国际国内合作，加强与自然教育成熟的兄弟单位在自然教育理念、技术、模式与经验等方面的交流与合作，加强同大专院校、科研院所、学会（协会）及各类公益组织间在自然教育学术理论研究、自然教育技术和课程研发与成果转化等方面合作。

（6）加强自然教育从业者业务能力的培训与提升。目前雾灵山自然教育从业者极度匮乏，虽拥有对大自然的热情和保护自然的价值观，但他们的素质和经验并不一致，即便部分实践者充满激情，但可能缺乏实践所需的知识和技能。因此必须加强从业者业务能力的培训与提升，继续夯实自然教育的基础，将理论与实践进一步深度融合，开启探索、思考、发展雾灵山特色的自然教育模式，增强自然教育的科学性，让自然教育流行起来，融入百姓日常生活。

雾灵山自然保护区开展自然教育的探讨

陈彩霞 项亚飞 曲亚辉 赵 鹏 张艳侠 张希军 王 波 夏秦超
（河北雾灵山国家级自然保护区管理中心 河北 兴隆 067300）

近年来，由于人们对美好生活的向往，更加突出了开展生态文明建设的重要性和紧迫性，发展自然教育事业是践行生态文明建设的重要举措之一，因此，我国的自然教育事业发展迅速[1]。国家林业和草原局《关于充分发挥各类自然保护地社会功能大力开展自然教育工作的通知》是国家关于自然保护区开展自然教育的顶层设计，是其开展自然教育的行动指南[2-4]。本文详细分析了河北雾灵山国家级自然保护区（以下简称"雾灵山自然保护区"）开展自然教育的条件，介绍了目前开展自然教育的现状，指出存在的问题并提出建议，力求推动雾灵山自然保护区自然教育的进一步发展，让更多的人学到自然知识，认识到自然价值，树立自然生态价值观，将学习贯彻习近平生态文明思想落到实处。

一、雾灵山自然保护区基本情况

雾灵山自然保护区总面积为14246.9公顷，由于始终坚持"严格保护、积极发展，科学经营，永续利用"的建设方针，迄今为止，森林覆盖率达到93%，在涵养水源、防风固沙、调节气候和水土保持等方面发挥重要作用，年生态价值为104.1亿元，是京津两地重要的生态屏障。

二、雾灵山开展自然教育的条件

（一）典型的暖温带生态系统

1995 年，雾灵山自然保护区成为"中国人与生物圈"网络成员，主要保护对象是暖温带森林生态系统和猕猴分布北限，按照中国植物区系划分，属于东北地区、内蒙古草原地区和华北地区交汇处。按照中国植被区划，雾灵山自然保护区是暖温带落叶阔叶林向温带针阔混交林过渡的地区。雾灵山自然保护区植被具有复杂性和多样性的特点，被分为 10 个植被型 15 个植被亚型 34 个群系纲 337 个群系 1049 个群丛。

（二）生物多样性

雾灵山自然保护区内动植物资源丰富，被誉为"华北野生物种基因库"。

1. 动物资源

雾灵山有野生陆生脊椎动物 56 科 119 属 247 种，其中，国家一级重点保护野生动物有金雕、金钱豹、秃鹫、猎隼和黄胸鹀 5 种，国家二级重点保护野生动物有勺鸡、红隼等 35 种；经初步调查统计，雾灵山有昆虫 3007 种。

2. 植物资源

雾灵山自然保护区有高等植物 165 科 645 属 1870 种，其中苔藓植物 47 科 128 属 317 种；蕨类植物 15 科 24 属 64 种；裸子植物 2 科 6 属 13 种；被子植物 104 科 507 属 1475 种。其中，国家二级重点保护野生植物有红松、红景天、野大豆、黄檗、紫椴、软枣猕猴桃、人参、轮叶贝母、杓兰、斑花杓兰、大花杓兰、细萼杓兰、绿花杓兰、手参等共 14 种；并有雾灵丁香、雾灵景天等模式植物 37 种。

（三）基础设施

1. 区内道路建设

区内公路全部都是水泥硬化路面，总长为 196.7 公里（不含社会公路），平均每平方公里有 1.4 公里公路，车辆可直达仙人塔、莲花池、龙潭瀑布停车场等区内大沟谷，构成交通网络，交通便利。

2. 配套基础设施

雾灵山自然保护区开展生态旅游服务较早，区内和区外的农家院、宾馆等基础设施建设相对完善，自然教育接待能力强。

三、目前开展自然教育现状

雾灵山自然保护区依托其丰富的自然教育资源、完善的配套设施等较早地开展了自然教育活动。2000年成立了宣传教育科，专门从事生态宣传和科普教育，积极宣传习近平生态文明思想，贯彻新发展理念，推进生态文明建设。

（一）自然教育宣传工作成效显著

雾灵山自然保护区已编写《雾灵山》《雾灵山精美图册》《自然的召唤——雾灵山自然教育与体验》等科普宣传教材。

在每年的"爱鸟日""环境日"等自然教育宣传日深入周边小学授课，生动地讲解了雾灵山的生态文明建设与成功经验，教育中小学生从小养成文明习惯，主动地热爱自然、保护自然、宣传生态文明。

雾灵山自然保护区依据雾灵山自然保护区总体规划，建成了包括自然生态科普教育在内的雾灵山自然保护区解说系统，提高了雾灵山自然保护区的知名度，先后被国家命名为全国青少年科技教育基地、全国林业科普基地、全国科普教育基地、中国青少年科学考察基地、中国避暑名山、中国森林养生基地、中国森林氧吧、中国最美森林、中国最佳森林休闲地等。

（二）建立了自然教育的精品路线

雾灵山自然保护区在区内修建了自然教育小径，目前已修建了仙人塔、十八潭、树石奇观、环莲花池步道和龙潭大溪谷5条自然小径，在公路两旁设立了自然生态科普知识宣传标牌和健康养生解说标牌，典型树种实行挂牌管理，使游客进入保护区即感到浓郁的生态文化，埋下保护生态环境的种子，在现实生活中自觉地投身到保护自然环境的行列中，形成全社会关爱自然、保护生态的良好氛围。

（三）科普宣传基地的建设

雾灵山自然保护区一直以来注重开展自然教育的阵地建设，目前已建成雾灵山动植物标本室、生态博物馆、昆虫馆和雾灵山全貌电子沙盘。

（四）打造富有雾灵山特色的自然教育体验活动

据测定，雾灵山自然保护区内的负氧离子平均含量可达 1639.9 个 / 立方厘米，十八潭、仙人塔等地瞬间值超过 3 万个，漫步林中，心旷神怡。雾灵山自然保护区依托森林生态系统和森林生态多样性景观，以石材和木材为主，建立了森林氧吧。游客在氧吧内可进行太极、瑜伽等活动，在获得精神上愉悦和身体上放松的同时，深刻感受到自然的价值。

四、存在的问题和发展方向

（一）存在的问题

1. 自然教育功能性设施不完善

完善的自然教育功能性设施包括室外设施和室内设施。雾灵山自然保护区开展自然教育缺乏典型的功能性设施，未建立自然教育体验馆和自然教育园，自然教育小径上的自然解说设施缺失，在明显位置未设立环境质量显示设施，生态宣传解说牌内容和形式不够新颖，虽有接待中心，但距离设计合理的自然教育访客中心有一定差距。

2. 自然教育形式单一

雾灵山自然保护区的自然教育形式主要以自然观察和自然体验为主，形式单一，自然探险、自然环境解说、自然学校和自然课堂等形式涉及较少，不利于自然教育活动的开展。

3. 开展自然教育的专业人才缺失

自然教育属于教育的一种形式，高质量的自然教育人才是开展好自然教育的必要条件。雾灵山自然保护区目前从事自然教育的工作人员主要集中在宣传教育科，从业人数少，专业知识相对较弱，从业经验缺乏。

（二）发展方向

为进一步完善自然教育体系，建议雾灵山自然保护区下一步工作重点放在"高质量"上，结合保护区特质和教育宗旨开展自然教育。

1. 加强培养自然教育专业人士

自然体验师能更好地通过环境教育活动，普及自然生态知识、理念，倡导公众增强环境意识，提升大家环保的行动意愿和能力。为进一步提高自然保护区自然生态教育的工作水平，使其成为自然教育的课堂和基地，雾灵山自然保护区应加强自然教育专业人士的培养、培训。

2. 丰富自然教育形式

（1）建立自然学校。雾灵山自然保护区可依托优越的地理位置与北京、天津等地的小学或培训机构联合建立自然学校，力求将自然教育机构的组织能力和保护区的资源平台相结合，形成"自然保护区＋自然教育机构＋学校"的合作模式，共同努力挖掘保护区的自然教育资源，不断提升保护区自然教育工作的成效。

（2）开发自然教育精品课程。自然保护区在开展自然教育前应对区域内的特色资源进行研究，旨将有特色或者有意义的层面进行展示，凸显保护区自身特点[6]。雾灵山自然保护区应依托其丰富的、独具特性的自然资源着力于特色课程的开发，不断提升科普宣教的层次。

参考文献

[1] 赵兴凯. 我国自然教育发展现状分析与发展建议［J］. 绿色科技，2021，23（9）：208-211.

[2] 姜力，张占庆，姚明远，等. 基于自然保护地开展自然教育的现状及建议［J］. 吉林林业科技，2021，50（3）：39-42.

[3] 李园园，郭明，胡崇德. 太白山自然保护区自然教育路径设计探讨［J］. 2020，48（1）：83-86.

[4] 薛文秀. 河北省小五台山自然保护区开展自然教育 SWOT 分析［J］. 河北林业科技，2021（1）：56-58.

[5] 王德艺，李东义，冯学全. 暖温带森林生态系统［M］. 北京：中国林业出版社，2003.

[6] 胡进霞，邓声文，钟象景. 广东象头山国家级自然保护区科普宣教体系建设探索［J］. 绿色科技，2019（15）：331-332.

关于雾灵山自然保护区自然教育活动设计的探讨

陈彩霞 王圆圆 马小欣 李林茜 杨丽晓
崔华蕾 刘彦泽 于 杰
（河北雾灵山国家级自然保护区管理中心 河北 兴隆 067300）

自然保护区内野生动植物资源丰富、自然生态系统完整、科研实力雄厚，是开展自然教育的理想场所，在其一般控制区开展自然教育有助于实现其社会功能和公益属性[1-2]。四川卧龙、陕西佛坪和河北小五台等国家级自然保护区对区内开展自然教育的优劣势进行了分析[3-5]，太白山、象头山、长青等自然保护区对开展自然教育形式进行了研究[1, 6-7]。河北雾灵山国家级自然保护区（以下简称雾灵山自然保护区）依托现有的自然教育资源，秉承以自然保护为主充分发挥其社会功能的目标，根据受众群体不同进行自然教育活动设计，推动保护区自然教育事业发展，为其他保护区发展自然教育事业提供借鉴。

一、雾灵山自然保护区自然教育的基本情况

雾灵山自然保护区位于河北省东北部，区内自然教育资源丰富，已出版《雾灵山》《自然的召唤——雾灵山自然教育与体验》等科普教材，建成生态展馆、雾灵山自然保护区全貌电子沙盘、昆虫标本展馆等自然生态教育配套设施，设计了仙人塔、十八潭、树石奇观、环莲花池步道和龙潭

大溪谷 5 条自然教育小径，打造了富有雾灵山特色的自然教育体验活动，自然教育内容丰富，形式多样。

二、根据群体特点划分受众群体

根据王可可、葛明敏和刘俊等对自然教育规划设计的研究[8-10]，结合自然保护区实际和笔者调查，所有访客根据群体特点可分为 6 个不同的受众群体（表 1）。不同的受众群体自然教育内容、目标和形式不同。

表 1 不同受众群体的进行自然教育相关情况表

受众群体	自然教育内容	自然教育目标	自然教育形式	群体特点
学龄前儿童（6 岁以前）	以自然价值、自然伦理为主	认识自然、亲近自然	以自然观察、自然体验为主	好奇心强、思维判断力相对较弱
小学生（6~12 岁）	以自然科学知识、自然价值为主	通过对自然知识的学习逐步建立自然观	以自然观察、自然体验为主	心智发展未完全成熟，热爱户外运动
中学生（13~19 岁）	以自然科学知识、自然技能知识为主	学习更多的环境知识，树立正确的自然观	以自然观察、自然体验为主	具有相对独立的思考和活动能力，开始构建自身价值体系
大学生（20~24 岁）	以自然科学知识、自然技能知识为主	学习植物学、土壤学等更多的关于自然的知识，培养自己动手解决环境问题的能力	以自然体验、自然探险为主	具有独立思考和活动的能力，语言沟通和讲解能力得到锻炼，渴望实践活动
成年人（25~60 岁）	以自然价值、自然技能知识为主	提高热爱和保护环境的意识，形成系统自然观	以自然体验、自然探险为主	已形成自然观，接受一定程度的思想引导
老人（60 岁以上）	以自然价值、自然伦理为主	学习生命健康和科技前沿的知识	以自然体验、自然探险为主	由于自身原因，对环境的认识了解较落后

三、根据不同受众群体开展自然教育的活动设计

（一）学龄前儿童

自然保护区一般距城市有一段距离，出行距离较远，学龄前儿童由于自身较弱小，最好选择就近的自然教育场所。

（二）小学生

有研究认为自然教育与早期科普旅游联系密切，主要面向中小学生（6~15岁）[11]，笔者认为此阶段是其长知识的重要时期，对其进行自然教育至关重要，对其人生观、价值观的形成起着重要作用。小学生的自然教育形式主要以自然观察和自然体验为主，具体自然教育活动设计如表2所示。小学生在自然教育活动中能学到较多的自然知识，培养自然兴趣，自然观开始萌芽。

表2 小学生自然教育活动设计

自然教育形式	自然教育内容	活动主题	开展时间	活动内容
自然观察	植物	树种认知	2小时	通过树芽认识树种，简要介绍树种
	土壤和植被类型	土壤剖面和不同的植被类型	4小时	从中古院到顶峰，选取相对开阔地方进行土壤剖面和植被类型的学习
	昆虫	昆虫标本	2小时	参观昆虫馆
自然体验	植物体验	手工制作	2小时	在不同季节开展树叶拼图、树叶彩绘等活动
		树木年轮	2小时	根据树木年轮判定树木年龄
	动物体验	昆虫解剖	2小时	常见昆虫的解剖
	地质体验	寻找化石	2小时	讲解地质相关知识，进行寻找化石的主题活动

注：本表中的活动设计均在保护区监管指导下进行。

（三）中学生

中学生相对于小学生有较强的思考力和行动力，对其的自然教育主要以自然观察和自然体验为主（如表3所示）。中学生参与自然教育活动的形式

较多样，可以选择亲子游、成熟的培训机构报团或者自己组团等。通过不同的自然教育形式认识到自然价值，逐步建立自然观，初步形成人生观、价值观。

表3　中学生自然教育活动设计

自然教育形式	自然教育内容	活动主题	开展时间	活动内容
自然观察	植物	植物观察	2小时	认识植物的根、茎、叶，区分常见植物
	植物	植物周期观察	2小时	选取有特色的树种进行周期观察，以1年为观察周期
	真菌	认识常见的真菌种类	1.5小时	在较为宽阔的地方开展识菌主题活动
	水文	龙潭瀑布	1.5小时	参观龙潭瀑布，体会大自然的壮观，敬畏自然
	水文	自然教育小径体验	1.5~3小时	根据自然小径设计的目的进行自然体验活动
自然体验	森林体验	摄影活动	1.5小时	以自然风光为主体，组织小型摄影比赛
	动物体验	诱捕昆虫做标本	2天	第一天对昆虫进行诱捕（少量），第二天进行标本制作
	土壤类型	土壤剖面	2小时	自己进行土壤剖面的选址和挖掘，做好详细记录
	植被类型	植物调查	2小时	选取平缓且有明显地带性特征的地方，自己动手打样方进行调查，借助高科技产品进行定位等
	植物	享受自然	2小时	在春季组织学生上山辨识野菜，体味自然的乐趣
	真菌	自然馈赠	2小时	组织学生在野外采蘑菇（少量），享受大自然的馈赠
	林业精神	参观瞭望塔	2小时	参观顶峰瞭望塔，徒手登塔，介绍职工的工作时间，讲述林业故事，培养学生热爱自然之情
	人文教育	我护林，我快乐	1天	让学生当一天护林员，体会责任，了解目前保护区管理站的巡护模式
	人文教育	参观生态展馆和沙盘	2小时	了解雾灵山自然保护区的基本情况和生态价值，筑牢自然保护的意识

注：本表中的活动设计均在保护区监管指导下进行。

（四）大学生

大学生已具备一定的专业基础，对其进行自然教育的主要内容是自然科学知识和自然技能知识，自然教育形式主要是自然体验和自然探险，具体的自然教育设计见表4。由表4可知，大学生的自然教育内容专业性较强，目前雾灵山自然保护区开展的大学生自然教育主要以实习形式为主，包括植物、动物、土壤、水文和地质等学科实习，完善了其知识体系，对自然的认识更加深刻，有助于其建立正确的自然观。

表4　大学生自然教育活动设计

自然教育形式	自然教育内容	活动主题	开展时间	活动内容
自然体验	植物	植物学	7天	在核心区外选取不同的路径进行植物的学习
	动物	观察动物习性	7天	利用红外相机和监控系统对动物进行科学监测
	森林体验	户外运动	2天	包括户外游憩、森林瑜伽、森林浴场和野营晚会等
	土壤类型	土壤学	2天	对雾灵山自然保护区的土壤类型进行学习
	水文、地质	地质和水文的认知	2天	对岩石、水文的了解和认知
自然探险	自然生存探险	野外露营	1天	在相对安全的地方开展野外露营,提高大学生的生存技能

注：本表中的活动设计均在保护区监管指导下进行。

（五）成年人

成年人已形成自己的自然观，自然教育对其起到一定的引导作用。雾灵山自然保护区开展生态旅游较早，据不完全统计，每年来雾灵山自然保护区的游客70%以上为成年人，主要目的是亲近自然，释放压力。目前雾灵山自然保护区接待成年游客以自然体验为主，区内有仙人塔、五龙头、龙潭和清凉界四大景区，150多个景点，融山、水、林、泉、峡为一体，集雄、奇、险、秀、幽于一身，成年人能从其中体味到自然的奇妙和价值，提高环保意识，形成系统的自然观。

（六）老年人

据不完全统计，随着森林养生体验的兴起，来雾灵山自然保护区接受自然教育的老年人比例逐年上升。雾灵山自然保护区依托森林生态系统和植被景观多样性，建立了森林氧吧，让游客在林地上漫步、打太极、做瑜伽，体验森林养生的妙处。

四、小　结

雾灵山自然保护区作为国家级示范保护区，依托其丰富的自然资源优势积极开展自然教育活动，下一步自然教育的工作重点将放在中小学生和老年人身上，不断完善自然教育体系，贯彻落实习近平生态文明建设思想，发挥自然保护区的社会功能，使其成为京津冀重要的自然教育基地。

参考文献

［1］冯科，谢汉宾．陕西长青自然保护区开展自然教育的SWOT分析［J］.林业建设，2018，2（1）：27-29.

［2］姜力，张占庆，姚明远，等．基于自然保护地开展自然教育的现状及建议［J］.吉林林业科技，2021，50（3）：39-42.

［3］程跃红，龙婷婷，李文静，等．基于SWOT分析的四川卧龙国家级自然保护区自然教育策略建议［J］.中国林业教育，2020，38（5）：13-17.

［4］彭阿柳，唐流斌，孙亮，等．陕西佛坪国家级自然保护区自然科普教育实践初探［J］.陕西林业科技，2020，48（5）：63-67.

［5］薛文秀．河北省小五台山自然保护区开展自然教育SWOT分析［J］.河北林业科技，2021（1）：56-58.

［6］李园园，郭明，胡崇德．太白山自然保护区自然教育路径设计探讨［J］.陕西林业科技，2020，48（1）：83-86.

［7］董晶丽，黄运梅，曾燕娜，等．象头山自然保护区环境教育解说系统分析［J］.惠州学院学报，2019，39（4）：29-32.

［8］王可可．国家公园自然教育涉及研究［D］.广州：广州大学，2019.

［9］葛明敏．基于景观感知的森林自然教育基地构建途径研究：以惠州市象头山森林自

然教育基地规划设计为例［D］. 北京：北京林业大学，2020.

［10］刘俊，邹晓艳，张凤，等. 青少年学生自然教育对能力提升影响因素研究［J］. 江苏林业科技，2021，48（1）：46-48.

［11］赵小丹. 森林生态旅游中环境教育系统规划研究［D］. 北京：中国林业科学研究院，2017.

自然教育理论下的幼儿发展探究

杨 照

（河北小五台山国家级自然保护区管理中心 河北 蔚县 075700）

党的十八大将我国当前教育的根本任务确立为"立德树人"[1]，近年来教育部门的改革动作频繁，这些信息都释放出了国家教育理念转变的信号，也切合了"绿水青山就是金山银山"理念，自然教育将是未来几年的大势所趋。

多年来，我国的教育现状多为应试教学，受此大环境影响，家长、相关幼儿教育部门及机构开始超前开发、提前教学、"拔苗助长"。由于地区发展的不平衡性，导致优质教育资源集中于城镇，幼儿就学出现"扎堆城镇"的现象，幼儿园场地偏小、人员密度较大、设施单一。城市化建设加快，城市建筑多与自然分离，造成人与自然的屏障，不利于幼儿在生活中接触自然。多种原因导致当代幼儿的自然教育缺失，这是需要我们高度重视的。

一、自然教育

（一）含 义

自然教育，主张让学习者在自然的生态体系下接受教育；可以遵循人的自然天性，训练学习者的自立、自强、自信、自理等综合素质，最大程度上释放发掘潜在能力，帮助学习者树立正确的人生观、世界观和价值观；是解决教育过程中的所有个性化问题，培养面向一生的优质生存能力、培养生活强者的教育模式。

（二）发展过程

"自然教育"不是一个新的概念，早在17世纪就提出了，捷克教育学家首次提出遵循自然的教育原则，这时的自然教育意为教育需遵循自然界"秩序"，后经过教育学家卢梭、裴斯泰洛齐以及第斯多惠等人的研究和完善，自然教育概念发展为遵循自然界的"秩序"和儿童的自然天性。

二、我国自然教育理念下的幼儿发展现状

（一）我国的大环境

党的十八大以来，我国在教育界不断进行改革，"书包减重""作业减负""保证睡眠"等一系列措施得以实行。但受长期应试教育的影响，社会环境仍然是"千军万马过独木桥"的应试氛围。媒体在这方面的报道也只是停留在口号呼吁，多数可行性措施暂时难与相关部门及学校接轨，造成舆论导向和实际情况"两张皮"。

改革开放以来，我国社会经济高速发展、科学技术突飞猛进、城市化进程不断加快，"千城一面"的钢筋水泥在很大程度上造成了人与自然的逐渐分离，人为地破坏了与自然的天然亲密关系，造成了在"景观园里看自然"的无奈情形。

为了给孩子提供更好的受教育平台，多数家长都会选择让幼儿在城镇就学，这就造成当代幼儿教育"扎堆"现象，大量涌入城镇幼儿机构。而城镇幼儿机构普遍趋向于室内教育，加之城市环境的"硬件化"，很大程度上造成了当代幼儿的自然缺失现象。

（二）我国的幼儿机构现状

幼儿园作为幼儿成长的"第一课堂"，对幼儿发展有不可取代的作用，但是由于国家长期应试教育的大环境影响，导致幼儿学习变身"学前抢跑"，造成了幼儿学习环境、学习内容、学习形式的单一化。

当代幼儿教育机构多以知识教育、技能训练、大脑开发、托管服务等室内服务为主，在教育导向上往往弱化了与自然的接触教育，很大程度上也造成了现代幼儿发展的自然缺失现象。

户外夏令营虽能在一定程度上弥补幼儿成长过程中的自然缺失，但由于时间短、收费高、延展性差等特点，很难普及到所有的幼儿。

（三）我国的家庭教育现状

家庭教育作为幼儿教育的"第二课堂"，对于幼儿的一生的身心发展都具有奠基作用。反观当代的教育现状，很少有家长重视幼儿的自然教育，造成了家庭自然教育的根源性缺失。研究其原因主要有以下几点：

一是家长教育理念的功利化。多年来，中国父母"望子成龙""盼女成凤"的思想根深蒂固，而最重要的一种途径就是高考。应试教育的特征在很大程度上影响了父母的教育观，造成了家长在培养孩子时以"考试胜利"为目标，在孩子幼儿时就出现"提前开发""不输在起跑线上""预学小学课程"的功利化教育行为。对于自然教育，绝大多数家长的态度是影响学习、可有可无、不重要。这种思想影响面巨大，影响范围极广，造成了多代孩子的"拔苗式"成长，是中国教育界的一个短板。

二是家长没有全面了解幼儿发展的生理特征、心理特征和行为特征。幼儿时期是孩子身心发展的快速期，在生理、心理和行为的变化上都是日新月异的。①生理方面：2~6岁，幼儿的大脑、身体及身体机能迅速发展。从刚开始简单的游戏到后期的奔跑、跳跃以及攀爬活动，都体现了幼儿好奇的求知欲和旺盛运动需求。每天居家的运动量往往太过于单一化，不能很好地满足幼儿发展的需求。②心理特征：2岁，形象思维、抽象思维开始萌芽，接触空间、色彩、形态等内容。4岁，动手操作能力得到发展，可以进行简单的制作和创新。5岁开始，形成逻辑思维，能分辨色彩，具有时间和空间概念，具备自主探索学习的基本能力。③行为特征：幼儿阶段，孩子的行为发展迅速，具备很多的特征，总结起来为主动性、随意性、聚众性和"自我中心"性。在教育中要尽可能保证孩子的天性得以释放，也要多加引导，帮助孩子更好地成长。现代的家长多以室内的智力开发为主，不能满足幼儿的发展需求，而自然教育在很大程度上照顾到了孩子的成长。

三是大部分家长对教育的时间及财力支出压力较大。现在幼儿的父母普遍存在工作压力大、生活支出多、自由时间少的特点，对于幼儿的时间陪伴和财力支出往往是心有余而力不足。在很多家庭里更是存在"隔辈带娃"

的现象，祖辈对于自然教育的理念接受程度低，造成幼儿教育的形势跟不上时代的发展。

三、探究我国自然教育理念下的幼儿发展途径

自然教育对于幼儿健康发展起着重要作用，在自然环境下全方位地促进幼儿的生理、心理和行为发展，帮助其掌握一定的自然知识，培养良好的学习品质、劳动观念、交往能力、生命意识，树立正确的人生观、世界观和价值观。为解决现存问题，更好地实现幼儿的自然教育，笔者认为，应从以下三个方面加以探究。

（一）国家方面

国家的立法规范、政策导向、观念营造等是国内各项事务得以平稳实行的基本保障，自然教育方面也不例外。目前，国内关于支持自然教育的政策文件比较少，对于开展自然教育的重视程度不够，要想达到自然教育理念下的幼儿发展效果，国家需要从多个方面加以统筹管理。

1. 加快自然教育立法进程，建立相关法规制度保障

美国、日本、韩国等国家在自然教育方面都进行了一系列的政策保障，在很大程度上促进了本国自然教育的逐步成熟。党的十八以来，国家提出"绿水青山就是金山银山"，对于生态文明建设提高了重视程度，并将其纳入社会主义现代化建设的总体布局之中，"五位一体"的国家战略实施也为我国的自然环境教育提供了一定的政策支持。但是在专门保障自然教育的立法方面，我国相较于国外还是有所欠缺的。

国家相关部门应提高重视，及时补齐短板，借鉴日本、韩国、美国等国的成功经验，建立自然教育的成套法规体系，出台相关支持政策，尽快完善自然教育法律体制建设，进一步提高民众的整体认知程度。

2. 设立专门的幼儿自然教育部门，鼓励建立自然教育理念幼儿园及专题学习基地

目前，对于自然教育的责任部门十分模糊，职责分工不细化，造成自然教育工作缺乏保障部门推进。国家应设立专门的自然教育分管部门，压实责任主体，建设自然教育理念的幼儿教育场地。分管部门应制定自然教

育理念下幼儿教育内容，形成成套的教学教材，开展有关开发幼儿自然教育能力的相关活动。对于幼儿园的自然教育成果形成年底考核机制，从老师教学、学生掌握、活动开展、成效结果等多个方面进行考核，列入教师及幼儿园的年底测评，反向推动自然教育理念下的幼儿发展。对幼儿自然教育机构进行政策鼓励，制定机构管理实施细则、提供政策资金支持、推荐有资质的专家进行授课辅导等，正向促进幼儿自然教育的开展。

3. 建立多种类型的自然教育体验基地，降低民众的自然教育成本

幼儿的自然教育对于很多家长来讲是一笔不小的支出，在生活压力大的当代，要想进一步推进自然教育的成熟发展，国家应该将自然教育场地建设纳入教育基础建设当中，使自然教育成为公共资源，更大程度拓宽幼儿、中小学生及更多人的受教育面。自然教育体验基地应配备专业的硬件设施、设立不同主题、配备专业讲解员，对地理知识、文化知识、环保知识进行讲解。为幼儿发展提供全方位、专业化、针对性的自然教育，提高幼儿的辐射范围，最大限度地形成幼儿自然教育的普及化。

（二）幼儿教育部门及机构方面

幼儿的成长环境中幼儿教育部门及机构起着重要作用，要想进一步提高幼儿的自然教育程度，我们就应该重视这些部门和机构的教育场地、教学理念、教育内容、教学成果等多方面内容。

1. 幼儿园

幼儿园对于幼儿成长的重要性是毋庸置疑的。开展幼儿自然教育，幼儿园就是主阵地。为了更好地对幼儿进行自然教育，幼儿园应该进行以下几项工作。

（1）场地选择。自然教育是指在自然地生态体系下对学习者进行教育。但是，当前绝大多数的幼儿园建址都是在交通便利、经济发展的城区，远离自然的生态环境，这对于自然教育的成功实施造成了建筑上的距离感。在自然教育理念发展下的幼儿园，应选择依托原始环境体系的自然地，如森林、草地、山脚等，建造不同主题的幼儿园场地，打造身临其境的自然教育环境。

（2）设计原则。本文探讨的自然教育对象是幼儿，幼儿园的园内设施

应考虑幼儿本身的特点进行设计。①安全性。幼儿普遍在 2~6 岁，自我保护意识发展还不完善，缺乏辨别危险和应对危险的能力。打造自然教育理念下的幼儿园，要注意提高幼儿园必需的安全设备，保证幼儿人身安全。②生态性。自然教育的理念就是在自然体系中培养幼儿的各项能力。幼儿园在进行园内设计时，要充分利用原有的地形和自然植被，尽量减少对原有自然景观的破坏，影响幼儿与真实自然体系的接触感。园内的各项设施和教具、玩具等要多采用自然材料，如沙石、草地、植被、木桩，等等。不要对设备进行过度的装饰，例如对木桩刷漆、插配假花等，保持自然生态的原本样貌，避免误导幼儿对自然的最初认知。③探索性。自然教育下幼儿发展的教学特色就是培养幼儿的探索性学习。在对园内设备、玩具、教具的设计上要具备一定的探索吸引力，具备探索乐趣，并将探索性融入教学活动，从而锻炼幼儿的参与能力、观察能力与自主思考能力[2]，综合提升幼儿学习效果。

（3）教学原则。根据国家的教育方针政策，《幼儿园工作规程》明确指出："幼儿园的任务是：贯彻国家的教育方针，按照保育和教育相结合的原则，遵循幼儿身心发展特点和规律，实施德、智、体、美等方面全面发展的教育，促进幼儿身心和谐发展。"国家的大政方针与自然教育下的幼儿发展理念高度契合，为保证教学质量，应遵循以下原则：①真实性。自然教育的核心特点就是了解大自然最本质的样子。当代的教育为了保护幼儿的"童心"，很多时候会出现一些美化危险的错误做法，例如现在的动画片里对于某些危险动物进行"美好"刻画，给幼儿造成了一定的误导。自然教育理念下的教育要向幼儿传递真实的动植物情况，让幼儿在最开始就对自然生物有正确的对待，避免危险的发生。②引导性。中国教育多年来存在着"填鸭"式教学的习惯，在教学中注重方法的教授，而忽略思想上的引导，不利于孩子思维的健康发展。在自然教育理念下的教师是学习过程的参与者，而不是主导者，这就要求幼儿教师们注重教学方式。在自然教育中，注重根据幼儿的学习兴趣、学习目标进行引导，主张让幼儿自主探究自然环境中的动植物特性，了解自然生态的特点，从而提高幼儿的自主学习能力、探究能力等综合素养，奠定一个良好的学习基础。③体验性。很多幼儿园的老师为了防止幼儿出现危险，会存在过度保护的情况，在一定程度上限制幼儿的活动。自然教育注重保证幼儿的自主体验，培养幼儿的主动求知欲望。在进行教学活动时，应最大限度地保证幼儿的体验感，对于幼儿来说，参与才能谈体验感。

（4）活动设计。自然教育理念下的幼儿活动要注重结合自然物，如动物、植物、流水、风霜雨雪，甚至是四季变化等，设计细致的活动内容，强调调动幼儿的观察性趣、动手能力、总结能力。例如，在园内开辟菜园，鼓励幼儿种植蔬菜。幼儿自主选择蔬菜种类、自由结组、耕耘培育、记录成长、果实分享等，强调幼儿自主能力的培养，形成以幼儿为主体的亲自然活动链。

2. 幼儿自然教育机构

当前，以自然教育为主题的机构在市场上也有一部分，但是受众群体偏向于高收入家庭，对于普化自然教育起的作用不大。为了更好促进我国自然教育的发展，相关机构可以采取与幼儿园建立合作、制定高中低档次消费、与自然教育保护区合作等方法，增加自然教育普及面。

（三）家庭教育

家长是幼儿教育的重要一环，想要提高幼儿的自然教育水平，家长教育观念的转变也十分重要。

作为父母，第一，要具备自然教育的育儿理念，及时提高自身的知识行为储备，将自然保护贯穿于日常的家庭教育之中，做到以身作则潜移默化引导孩子；第二，选择自然教育理念的幼儿园就学，为孩子的健康发展奠定良好的学习基础；第三，带孩子多亲近自然，开展家庭自然教育，将自然教育理念融于日常的教育中，帮助孩子建立良好学习氛围。

四、结　语

自然教育理念下的幼儿发展是大势所趋，但要想达到幼儿自然教育的普及，还需要国家、社会、幼儿园、幼儿机构、家长等多方面的共同努力。少年强，则国强。幼儿是一个人成长的起点，我们全社会更应该注重起点教育的重要性，建立全社会幼儿自然教育的浓厚氛围。

参考文献

[1] 严春霞,何灿. 论种植活动中的幼儿德育渗透[J]. 湖北师范大学学报（哲学社会科学版）, 2021, 41（4）: 130-135.

[2] 何辰慧,孔荀. 自然教育理念下的幼儿园户外空间设计探析[J]. 设计, 2021（13）: 65-67.

"五维一体"自然教育观

李 白 张小婧 杨 照 张文慧

(河北小五台山国家级自然保护区管理中心 河北 石家庄 075700)

从"四位一体"到"五位一体",我党明确地将生态文明建设纳入社会主义现代化建设总体布局之中,这不仅表明了国家对于自然生态认识的不断深化、实践的不断深入、自觉性的不断增强,也更加全面地契合了我国可持续发展的战略方针。自然生态自古以来都是我们休养生息的生存基础,提供着人类繁衍发展的物质资源,然而人们以经济发展为目的的掠夺性行为,在很大程度上破坏了稳定的生态平衡,引发各种灾害,究其根源还是自然教育不到位的问题。

一、吸取自然教训,探寻解决方式

2019年9月至2020年2月初,澳大利亚山火肆虐,形势异常严峻,持续六个月的火情造成至少33人死亡、2500多间房屋和1170万公顷土地被烧毁、无数人流离失所、近10亿野生动物葬身火海,经济损失无可计量。本次山火给世界敲响了警钟,让我们意识到了大自然的巨大威力和人类的无限渺小。

在自然灾害方面我国的情况也不容乐观,是世界上自然灾害最严重的国家之一。因人口数量庞大、国土幅员辽阔、地容地貌复杂、自然状况各异等特点,在防控自然灾害方面存在巨大难度。除了现代火山活动外,地球上几乎所有的自然灾害类型在我国都发生过。2019年9月18日,在国新办就新时代应急管理事业改革发展情况举行发布会上,国家应急管理部副部长郑国光就曾指出,"本世纪以来,我国平均每年因自然灾害造成的直接经济损失超过3000亿元。因自然灾害每年大约有3亿人次受灾"。

自然灾害频发,表面看似是由一系列不可抗力因素造成的,但是究其根本,症结仍是我们人类本身。在自然环境恶化的根源上,人类自身从事的各种掠夺性社会生活活动在很大程度上是灾害的始作俑者,面对自然的"报复性手段",也终归是自食恶果。缓解严峻的自然环境局势并且追求最终与自然达到"和解性"共处的第一步,需要培养我们对自然最虔诚的尊重与善意,自然教育是开启和谐之路的叩门环。

二、对比教育现状,深思问题根源

自然教育有很多释义,如工业时期法国思想家卢梭的"自然教育"理论是指一种崇尚自然而然的教育学习观念。本文所探讨的"自然教育"可以理解为"保护自然生态的教育",是注重在大自然条件下自发地形成与自然的联结,而产生的自主性热爱自然、保护生态的一种环境教育类型,是对环境教育在教育方式上由被动变为主动的提升形式,旨在自然的大环境中主动认识、感知、联结自然。

在自然教育方面,我国与美国、日本、韩国等国存在着立法起步较晚、教育环节较少、社会意识较弱等多个方面的差距。

(一)在起步立法方面

美国是世界上第一个以立法形式规定环境教育的国家,早在1970年就颁布了国内第一部环境教育方面的法律法规,1990年就进入了环境教育立法的成熟阶段;日本因第二次世界大战及国内经济发展开发资源过度等原因,自1951年便开始逐步形成环境保护的理念,民间各种环境组织也自发推动环境持续向好,2003年以颁布《增进环保热情及推进环境教育法》为标志,成为继美国之后世界第二个环境教育法颁布的国家。党的十八以来,我国提出"绿水青山就是金山银山",对于生态文明建设提高了重视程度,并将其纳入社会主义现代化建设的总体布局之中,"五位一体"的国家战略实施也为我国的自然环境教育提供了一定的政策支持,但在专门保障自然教育的立法方面，我国还是有所欠缺的。

（二）在教育方式方面

美国、日本等国家主要采用责任主体（学校、社会、社区、自然学校等）与活动项目（参观国家公园、修学旅行等）相结合的方式，深化开展自然教育，强化思想意识，做到自然保护融入日常行为中；澳大利亚多注重青少年的亲身参与式教育，注重引导孩子在与大自然的接触中发现快乐、主动摸索，从而达到自然教育的效果；韩国主要采取"森林体验"为主的自然教育方式，以"传统"与"科技"结合为媒介，融合"历史"与"文化"，根据不同的主体（如孕妇、幼儿、青少年、中老年、残障人士等）细分讲解内容及方式。我国竞争激烈的应试教育环境以及多年来家长们"文化课至上"的教育理念，造成了几代人在自然教育方面存在教育少、认识浅、意识弱的情况，在日常的环境保护方面存在责任意识淡薄等问题，不利于我国环境保护文化的传承。

（三）在社会意识方面

我国民众对自身责任化的重视程度还是有一定欠缺的。例如日本的自然环境保护工作取得一定的成绩，不仅在于国家出台的各项政策法规对于人们的行为有所约束，更在于其民间兴起的各种非政府性质的组织，比如，旨在保护各种野生鸟类为目的成立的"日本野鸟会"参与程度非常高，民众入会不仅仅是为了保护鸟类生活栖息地，也是为了进一步传承环境保护的文化，培养后代们热爱环境的意识。在此方面，我国民众的意识情况分层化情况较为严重，以北京、上海、广州、深圳等为首的一线城市在环境保护的主动意识方面情况总体较好，但是在二三线城市内的意识普及化程度仍需要进一步提升。

三、强化自然教育，做到"五维一体"

在全球化的今天，环境保护已不再是某个国家内部的个性化问题，"自然环境共同体"成为全人类攻克的世界命题。为响应《联合国人类环境会议宣言》、强化联合国提出的"环境教育"理念，也为了落实我国"绿水青山"的自然环境建设政策，更好促进中国在经济、政治、社会、文化、生态文明等多方面的可持续发展，全面开展自然教育势在必行。笔者认为，应当采用"五维一体"的模式，即国家维度、社会维度、公民维度、学校维度、家庭维度相结合的一体化教育模式。

（一）国家维度

国家的立法规范、政策导向、观念营造等是国内各项事务得以平稳实行的基本保障，自然教育方面也不例外。想要达到自然教育普及化、保护意识行为化，国家需要做到多个方面的统筹管理。

1. 加快自然教育立法进程，建立相关法规制度保障

《韩非子·饰邪》中曾写道"以道为常，以法为本"。政府立法是保障自然教育顺利深入实施的制度保障，如美国、韩国、日本等国在自然教育上取得一定成绩，很大一部分原因是国家立法起到了强大的支撑作用。在我国有法可依、有法必依的大环境下，为保障公民在自然教育方面的普及化以及对自然保护的重视程度，及时加快相关法律法规的制定工作，是深化自然教育的必经之路。

目前，我国缺乏自然环境教育方面的成套法律法规，相关保障性措施仅以条文形式散落在与环境保护相关的法律规范之中，体系化程度较差。要想使自然教育规范化、完善化，进一步提升民众的整体认知程度，国家应提起重视，借鉴美国、日本、韩国、澳大利亚等国的法律，针对涉及自然教育的学校规范、主体责任、意识建立、惩处措施等多个方面修建法规，尽快完善自然教育法律体制建设。

2. 设立专门的自然环境教育部门，建立自然体验专项主题基地

成立专门的自然教育监督分管部门，负责管理督促包含学校、社区、社团协会、自然教育机构等在内的自然教育主体；制定开展自然教育方面的活动，例如组织学校开展自然森林体验活动、联合社区社团开发自然学习项目等，鼓励提高民众自然教育学习的参与度；按国家法律要求，对于违反法律法规的行为现象及时进行摸排检查，并依法处罚，形成整改落实方案。切实做到促进政策落地实施，保障各方工作开展成效，促进自然教育更好更快更彻底地在国民教育中占据一定比重地位，扎实奠定自然保护意识普及和相关技能掌握基础。

建立多种形式的自然体验专项基地，提升民众对自然保护的兴趣体验。

我国幅员辽阔，自然资源丰富，拥有样貌奇特、地域各异的自然景观，应充分利用起来，建立多种形态的自然体验专项基地，例如森林体验基地、河湖体验基地、山川体验基地等，培训设立专业的讲解人员，结合地理知识、文化知识、环保知识，针对不同人群形成专项讲解服务工作。打造"全身参与体验"的自然教育新方式，提高民众参与了解度，从而达到自然教育普及化的效果。

（二）社会维度

每个民众都是社会人，从小受到的各种教育与潜移默化的意识影响都是在社会的大氛围下进行的。由此可见，为了使自然教育深入人心，普及大众，社会各方承担着不可忽视的重要责任。

1. 社会媒体应肩负起思想导向责任，营造浓郁自然教育氛围

当代社会是各种媒体充盈的信息化社会，纸质媒体、网络媒体以及自媒体等对于大众的思想导向、社会的热点风评、民众的行为指导以及未成年人的价值取向都起着至关重要的作用。民众对于自然环境保护意识不到位的问题，与其平时不能及时、频繁、深刻地了解到自然灾害的各种重大损害有密切的关系。在潜意识中对于自然灾害的认识还是"事不关己"的责任缺失状态，从而导致在行动上的漠视。当代媒体人应当肩负起思想引导责任，利用自身传播形式多、传播范围广、接受程度高等特有优势，积极传播有关自然教育方面的书籍、新闻、视频信息，营造良好的社会氛围。

2. 社会应鼓励成立民间社团组织，规模化常态化进行自然教育

前文提到，日本自然环境保护成果显著有很大一部分原因是民间非政府性质组织的广泛参与。我国在环境保护方面虽也有一些组织坚持不懈地进行自然教育的公益性工作，如中华环境保护基金会、绿色世纪青年环保组织等，但是因为数量少、人员少、活动少等自身发展局限，这些组织引起的社会影响仍是收效甚微。社会上的相关部门，如环境保护部门、灾害应急管理部门应在做好自然环境相关工作的同时，鼓励社会成员积极组建有关自然教育的民间组织、社团协会等，提供相应政策及资金支持，并联系此类组织与自然体验基地、学校、社区、相关人士和社会参与人员等开展规模化常态化活动，扩大自然教育的宣传力与影响力。

（三）公民维度

公民是国家的基本组成分子，所有事业的完成都需要依靠全体公民的共同努力，《中华人民共和国宪法》规定，每位公民都负有不可推卸的社会责任。

自然教育的受众对象就是公民，在国家立法保障、社会思想引导、学校价值教育多管齐下后，最终的目的是落实到每位公民身上的思想意识加深、行为标准规范、自然保护传承之上的。自然环境的保护不能仅靠国家的立法制度、团体的社会活动和相关部门的灾害防治，最核心也是最重要的是我们每个人在生活中自觉的自然保护意识和规范的环境保护行为。因此，作为公民的我们也因提高自身的素质和学习意识，做到以下几点：①主动接受自然教育，在生活学习中积极涉猎有关自然环境保护的新闻信息，涵养相关方面的知识储备；②积极参与各种自然保护协会开展的活动，主动到自然体验专项基地深化学习，将自然保护意识内化于心，提高重视程度；③将自然教育理念、保护自然环境的意识融于生活工作的点点滴滴之中，如垃圾分类、公交出行等，担负起公民的责任义务，做到自然保护理念外化于行。

（四）学校维度

《礼记》有云"师者也，教之以事而喻诸德也"。学校教育在每个人成长道路上都起着不可取代的作用，如知识传授、价值建立、行为引导、道德判断等，更是自然教育最能有效进行的教育基地。我国从幼儿园、小学、初中、高中、大学至更高层次的教育中，可以涵盖个人人格建立的绝大多数阶段。因此我们应利用学校教育在每个阶段的特点对个人进行全方位的自然教育，例如在幼儿园对幼儿进行自然保护的价值观建立、小学对低龄儿童进行自然保护的行为引导、中学对青少年进行自然保护的实践探索、大学及更高层次鼓励学生多方位参与自然保护，做到自然教育贯穿学习教育始终。

此处，不得不提到我国应试教育的现状。学校教育的目的是培养德智体美劳全面发展的新时代接班人，"德教"重于"文教"。但现代学校偏重文化课，对于自然教育往往表现出可以忽略、简单带过，甚至不进行教育的情况，这是教育过程中的南辕北辙，也是当代教育的可悲之处。所以，学校教育应当及时转变教育理念，将"德教"摆在"文教"之前，切实推进自然教育渗透到学生成长的各个阶段。

（五）家庭维度

家庭是社会的组成单位，涉及两个行为主体：家长与孩子。要想将自然教育彻底深化于每个民众的思想行为之中，家庭战场是重中之重，也是关键一环。

家长是孩子的第一任老师，在每个人行为意识建立的最开始，父母起到了不可取代的奠基作用。因此，作为父母首先要具备自然教育的育儿理念，及时提高自身的知识行为储备，将自然保护贯穿于日常的家庭教育之中，做到以身作则潜移默化引导孩子；其次，多开展与自然保护相关的亲子活动，如带孩子参观学习自然体验基地、主动参加保护自然环境相关社会公益活动等；最后，将自然保护融入家庭规范之中，形成良好的家庭传统，作为家风建设影响日后子女的家庭教育，做到自然教育传承不息。

四、结　语

自然教育是一场持久战，在目前中国的现状之下仍是任重而道远，这就需要进一步深化"五维一体"的自然教育观。国家、社会各界应主动肩负起自身的责任，为自然教育的顺利开展提供政策立法以及社会支持性保障，提高民众自然教育的普及程度和重视程度。作为社会组成分子的公民和社会组成单位的家庭，也应积极贯彻国家"绿水青山就是金山银山"的理念，主动进行自然教育，深化自身自然保护的责任意识，做到知行合一。

河北省大海陀国家级自然保护区自然教育发展的现状及对策

赵俪茗 李 莉 张秀珍

(河北省大海陀国家级自然保护区管理处 河北 赤城 075599)

2019年,国家林业和草原局下发《关于充分发挥各类自然保护地社会功能大力开展自然教育工作的通知》,明确了自然教育在自然保护地管理工作中的重要性。文件提出,各自然保护地在不影响自身资源保护、科研任务的前提下,按照功能划分,建立面向不同对象开放的自然教育区域。自然保护地管理部门要有专人负责管理、协调、组织社会公众有序开展各类自然教育活动[1]。自然保护区作为自然保护地的重要组成部分,其自身丰富的动植物资源、自然环境以及历史人文等均可以作为保护区开展自然教育的先天优势。

大海陀保护区处于蒙古高原和华北平原的过渡地段,是蒙古和华北植物区系的交汇之处,各类物种丰富,同时,大海陀保护区南与北京松山国家级自然保护区接壤,共同构成了一座雄浑壮阔的绿色宝库,成为抵御沙尘暴入京的重要屏障。绝佳的地理优势,是进行自然教育的理想场所。通过开展自然教育有助于进一步发挥保护区的生态文化传播功能,实现保护区可持续发展,同时也有利于促进周边社区的经济发展[2]。本文以大海陀保护区为例,从现行阶段自然教育方面的工作开展进行分析与探索,为保护区后期形成完整的自然教育体系提供参考。

一、自然教育的内涵与意义

（一）自然教育的内涵

18世纪中叶，法国著名思想家卢梭在其教育小说《爱弥儿》中表达了一种全新的教育思想——自然教育思想，而这种思想的核心就是自然，主张回归、体验自然。儿童的感知能力、观察能力、探究欲望甚至是审美情趣在他们奔逐嬉戏于原野时、沉浸于湖光山色时均会获得最好的发展[3]。随着自然教育的不断发展变化，自然教育由早期集中于人们自然感知能力的培养，过渡到以生态环境为目标的环境教育，再升华为如今的在自然中教育、受自然教育、与自然和谐相处，最终达到提升自我的教育形式[4]。

（二）自然教育的意义

自然教育拉近了人与自然的距离，目的就在于让人们特别是青少年儿童通过接触自然、感受自然、融入自然、认识自然、理解自然的过程，激发生态保护的热情，树立尊重自然、顺应自然、保护自然的生态文明理念，最终实现真正的人与自然和谐共生。

二、大海陀保护区概况

河北省大海陀国家级自然保护区位于河北省张家口市赤城县南端，总面积12634公顷，属温带山地森林生态系统类型的自然保护区，在我国华北地区植被垂直地带性和生物地理区系等方面具有典型性和代表性[5]。大海陀保护区前身为国有林场，始建于1952年，1999年被批准成立省级自然保护区，2003年晋升为国家级自然保护区。保护区内野生植物资源丰富，并且具有一定数量的珍稀种类，是我国河北地区植物资源宝库的重要财富。经调查，保护区现有野生维管束植物109科436属900种，其中保护区核心区的高山草甸是华北稀有，大花杓兰更是华北罕见；脊椎动物23目61科165种[6]。

三、大海陀保护区自然教育发展现状

目前，大海陀保护区在自然教育方面仍处于起步阶段，但正在通过基础设施建设、资源本底调查等工作逐步推进自然教育在保护区的落实与发展。

（一）加强基础设施建设，提高基础保证

近年来，大海陀保护区建设有宣教馆、气象观测站、水文监测站等基础设施，用于科研监测、开展自然教育活动，其中宣教馆经多家设计公司竞标，已确定布展设计方案，包含保护区发展沿革厅、动物厅、植物厅、标本室等，向公众全方面地展示大海陀保护区的历史及动植物资源，后期将成为大海陀保护区自然教育的窗口。同时，经过对保护区气象、水文监测设施的不断完善，积累了一定的气象、水文、土壤监测数据，为后期科研工作及自然教育工作提供了数据支持。目前，野生动植物救护站及环境监测中心正处于建设阶段。通过对基础设施的不断完善，提高了自然教育的硬件设施与接待能力，为自然教育工作的开展提供了有力的基础保障。

（二）加强资源本底调查并出版相关图书，助推自然教育工作

2012—2013 年、2016—2017 年，北京林业大学受大海陀保护区管理处委托，在保护区开展科学考察工作，在保护区与北京林业大学的共同努力下，最终形成《河北大海陀自然保护区综合科学考察报告》（下称《科考报告》）一书，其中包括保护区范围内的自然环境、植物区系、植被类型特征与分布、野生动物、真菌资源等内容，并于 2017 年 6 月由中国林业出版社出版，为保护区科学规划建设，开展自然教育提供了主要依据。同时，依托《科考报告》前期工作时收集到的动植物信息、图片，经多番研究审定，汇编整理成册，即《河北大海陀国家级自然保护区常见野生动植物图谱》，该书于 2019 年 9 月由中国林业出版社出版，方便保护区工作人员、科研工作者以及动植物爱好者学习查阅。同时，保护区还印制了"认识大海陀自然保护区系列丛书"，共五册，包含《笔墨揽胜》《寻古访幽》《峥嵘岁月》《绿野精灵》《空谷幽兰》，分别介绍了保护区的历史、人文和动植物资源，对保护区的自然教育工作起到了一定的推动作用。

四、存在问题

（一）缺乏统一规划，特色不鲜明

目前，大海陀保护区规划建设中未能及时将自然教育纳入保护区总体规划，缺乏统一布局。同时，没有深入挖掘保护区资源特色，未能形成具有大海陀保护区鲜明特色的自然教育活动。

（二）人才队伍建设有待加强

自然保护区开展自然教育活动的主力军是保护区的工作人员，但是这项活动的开展需要工作人员同时具备专业知识、解说等多项技能，而且保护区现有工作人员还需要承担资源管护、森林防火、科研监测等工作任务，无法满足开展自然活动的全部需求。

（三）发展与保护的矛盾仍然存在

从保护区职能上来说，既要对保护区内野生动植物资源进行管护，又要开展自然教育，进行科普宣教。随着自然教育活动的开展，必然会引起游客数量的增加，进而导致发展与保护矛盾突出。

五、对策研究

（一）统一规划，设施布局合理化

将自然教育相关内容纳入保护区总体规划，与保护区建设同谋划、同部署。对已有场地进行功能性优化改造，提升自然教育设施的利用率，比如，进一步完善树木标识信息，丰富现有标本陈列等。对后期待建的自然教育相关场所进行科学、合理布局，组织相关部门、专家进行科学论证，满足开展自然教育活动的切实诉求[7]。同时，加强与环境监测、资源管理、森林防火、动植物病虫害防治等工作的联合联动，使自然教育工作融入保护区工作的方方面面，从而促进自然教育工作稳步开展[8]。

（二）课程设置上充分利用资源，形成特色自然教育体系

具有鲜明的特色是大海陀保护区自然教育活动可以持续发展的关键。建议以保护区本底调查资料为基础，开展资源调查工作，进一步摸清家底，

学习借鉴国内外先进的自然教育理念，明确大海陀保护区的发展定位，打造具有大众普适性，又独具大海陀保护区特色的自然教育课程。

（三）加强人才队伍建设

人是自然教育活动的主体，自然保护区可以从加强自身建设、聘请院校专家、招募志愿者三个方面入手，加强保护区人才队伍建设。加强保护区自身建设方面，一是通过人才引进或者公开招聘等方式，丰富保护区人员的专业构成，为保护区开展工作注入新鲜力量；二是通过组织外出考察学习，拓宽工作人员视野；三是开展生态环境专业知识、解说等多方面强化培训，提高工作人员自然教育的业务能力；四是工作人员自身需积极主动学习先进的自然体验知识和理念，研究制定适合个人的自然教育培训模式，提高受众接受程度。聘请院校专家方面，可以与北京林业大学、河北农业大学等大中专院校、科研单位合作，聘请教授专家等担任保护区科普宣教的顾问，运用他们的专业知识提升保护区的科普宣教水平，还可以为校内的学生提供讲解员实习岗位，为他们提供一个实践的平台。招募志愿者方面，可以招募和发动学生、附近村民等作为保护区的讲解员、知识普及人员参与到此项工作中来，进一步补充保护区自然教育活动人员队伍，有序推进自然教育活动顺利开展[9]。

（四）积极探索，保护与发展协同共进

丰富的自然资源是保护区的根本之所在，也是自然教育活动开展的基础，而自然教育活动的开展将有利于普及环保知识，推动生态文明建设。需要积极探索，采取相应措施，使得保护与发展协同共进，相得益彰。一是自然教育活动必须严格遵守自然保护区相关法律法规，制定相应的制度，并且明确边界，不得因自然教育活动的开展影响到保护区资源的保护；二是正确理解政策形势，根据2019年中共中央办公厅、国务院办公厅印发的《关于建立以国家公园为主体的自然保护地体系的指导意见》，国家公园和自然保护区要划分为核心保护区和一般控制区，进行分区管控，在保护区进行规划布局阶段要据此合理划分出可以开展自然教育活动的区域；三是要加大社区共管力度，将社区作为自然教育活动开展的组成部分，为社区居民提供相应的工作岗位，带动社区经济发展；四是要进一步提高宣传教育力度，增加大众对于自然保护区区别于森林公园的特殊性认识，提高大众的生态保护意识。

六、结　语

自然教育在中国虽然兴起较晚，但是前景广阔，对于生态环境建设意义重大。自然保护区应当将自然教育与保护区科普宣教工作相结合，抓住机遇，积极探索在自然保护区开展自然教育的方式方法，扩大保护区的生态宣传效应，让自然教育与自然保护区共同助力生态文明建设。

参考文献

［1］中国林学会. 国家林业和草原局印发《关于充分发挥各类保护地社会功能大力开展自然教育工作的通知》［EB/OL］.（2019-04-13）.http：//www.csf.org.cn/news/newsDetail.aspx?aid=47928.
［2］胡进霞，邓声文，钟象景. 广东象头山国家级自然保护区科普宣教体系探索［J］. 绿色科技，2019（15）：331-332.
［3］张华. 经验课程论［M］. 上海：上海教育出版社，2000.
［4］郑芸，徐小飞. 自然教育的概念厘清及比较［J］. 教育现代化，2019，6（50）：65-67.
［5］邢韶华，武占军，王楠，等. 河北大海陀国家级自然保护区常见野生动植物图谱［M］. 北京：中国林业出版社，2019.
［6］邢韶华，武占军，王楠，等. 河北大海陀国家级自然保护区综合科学考察报告［M］. 北京：中国林业出版社，2017：91.
［7］程跃红，龙婷婷，李文静，等. 基于SWOT分析的四川卧龙国家级自然保护区自然教育策略建议［J］. 中国林业教育，2020（38）：13-17.
［8］薛文秀. 河北小五台山自然保护区自然科普教育发展现状及对策研究［J］. 绿色科技：2019（21）：288-292.
［9］徐荣地，陈斌，蔡孝星. 福建戴云山国家级自然保护区科普宣教实践探索［J］. 福建林业，2019（2）：32-35.

河北昌黎黄金海岸国家级自然保护区开展自然教育的探讨

金照光 赵志红

(河北昌黎黄金海岸国家级自然保护区管理中心 河北 秦皇岛 066600)

自然保护区拥有丰富的地理和生物多样性资源，作为生态文明建设的重要载体，为自然教育提供了良好场所。在自然保护区内开展自然教育，具有基础条件好、社会公益性强、综合效益明显的优势，是发挥自然保护区多种社会功能的重要形式。本文就河北昌黎黄金海岸国家级自然保护区开展自然教育的情况进行探讨，同时对其开展自然教育活动提出建议，以期为同类别自然教育基地提供参考和借鉴。

一、保护区基本概况

河北昌黎黄金海岸国家级自然保护区（以下简称保护区）是 1990 年国务院批准建立的首批国家级海洋类型自然保护区。总面积 336.2 平方公里。其中陆域面积 95.56 平方公里，海域面积 240.65 平方公里。保护区自然生态环境多样，动植物资源丰富，主要保护对象为文昌鱼、沙丘、沙堤、潟湖、鸟类、林带、湿地和海洋生物等构成的沙质海岸自然景观及所在海区生态环境和自然资源，是我国北方最具代表性、保存最完好的综合海岸海洋生态系统。

二、保护区开展自然教育的优势

（一）地理区位优势明显

保护区位于河北省秦皇岛市昌黎县和北戴河新区沿海，属于暖温带半湿润大陆性季风气候，光照充足、四季分明、冬暖夏凉、干湿相宜、降水丰沛、雨热同季。同时具有便利的交通条件，距秦皇岛市 40 公里，距秦皇岛北戴河国际机场 30 公里，沿海公路直通保护区。此外，河北昌黎黄金海岸国家级自然保护区、北戴河风景名胜区黄金海岸景区、黄金海岸省级森林公园重叠坐落其中。周边已建有圣蓝海洋公园、国际滑沙活动中心、沙雕大世界、渔岛海洋乐园四家知名度和美誉度较高的景区，为自然教育开展提供了潜在对象和基本保障。

（二）自然景观绚丽多彩

1. 海岸沙丘

海岸沙丘是保护区内的特色地貌，其规模、气势、连续性，在我国独树一帜，是世界罕见、中国特有的海岸地貌景观——海洋大漠景观。海岸沙丘呈链状分布，宽 1~2 公里、长 30 公里，最高处曾达到 44 米，以陆域核心区（翡翠岛）岸段发育最为典型。在海岸沙丘发育的漫长历史过程中，人为干扰较小，活动沙丘在自然力作用下，保持了较高的自然性。

2. 七里海潟湖

七里海潟湖位于保护区中南部沙丘带内侧，因水域宽七里而得名。东北隅有潮汐通道与海相连，属半封闭式潟湖。是国内仅存的现代潟湖之一。由潟湖水体、湖内水生生物和候鸟、水禽等组成的潟湖生态系统，在海岸潟湖中具有典型性和代表性。同时，因地处海陆交互作用地带，受海陆动力变化及人类活动影响较大，环境演变迅速且动因复杂，是进行湿地形成、演变和生物多样性研究的绝佳场所。2019 年，七里海潟湖湿地入选为中国黄（渤）海候鸟栖息地（二期）申遗工作中 14 个提名地之一。

3. 海　滩

保护区海滩为典型的沙丘开敞式岸滩，这里阳光和煦、沙软潮平、滩宽坡缓、水温适度、安全舒适，有"沙漠与大海的吻痕"之美誉。2005年被《中国国家地理》评为中国最美的八大海岸之一，具有极高的旅游休憩和观赏价值。

4. 海岸防护林带

防护林带是保护区生态环境体系的重要组成部分，于20世纪50—60年代人工营造，绵延近30公里，具有防风固沙、涵养水源、改善局地气候、提供鸟类栖息地、增加生物多样性等生态效益，同时还能协调自然景观、美化海岸沙丘环境，提供优质滨海旅游资源，作为大海之滨的绿色长城，是保护区的主要保护对象之一。

5. 滦河口湿地

保护区南端的滦河现代河口三角洲，为沉积类型发育齐全，地貌组合独特的河口原生湿地生态系统。在地貌学、沉积学、水文地质学诸多领域内，有较高的学术价值，世界濒危生物黑嘴鸥在此区域为优势种。

（三）生物资源丰富多样

1. 文昌鱼

保护区海域基础生产力较高，海洋生物种类丰富，据监测数据统计，共有海洋生物165种，其中包括了国家二级保护动物文昌鱼，它是从无脊椎动物进化到脊椎动物的过渡物种，是鱼类的祖先，有很高的科研价值，是生物进化研究的"活化石"。保护区海域是文昌鱼在渤海的主要栖息地。

2. 鸟　类

保护区地处东亚—澳大利西亚地区鸟类南北、东西迁徙带的交汇处，区内植被覆盖率较高，滩涂水面广阔，人类活动相对较少，鸟类组成丰富，珍稀种类多，是国内外观赏和研究鸟类的重要区域。

3. 植被资源

保护区生境类型多样，植物种类较为丰富。共有陆生植物59科172属275种。其中，蕨类植物2科2属2种，种子植物57科170属273种。种数在10种以上的有6科，按种数的多少，依次为菊科、禾本科、豆科、藜科、莎草科和蓼科，合计143种，占保护区陆生植物种数的52%，是植物区系组成的优势科。

（四）具有开展自然教育的硬件条件

保护区一直以来重视科普宣教工作，目前建有海洋科普展馆、鸟类及海洋生物标本馆、科普园区、鸟类科普长廊、野外教学实习基地等宣教场馆和设施，通过互动多媒体、图片、实物、标本、自然景观等多种形式，全面生动展示黄金海岸自然保护区的生态特征，向公众普及海洋文化知识、倡导自然环保的生态理念。

（五）具有开展自然教育的良好基础和经验

目前保护区被国家、省、市多部门列入科普基地，2011年被国土资源部命名为"国土资源科普基地"；2012年，被河北省国土资源厅授予"河北省国土资源科普基地"；2013年，被国家海洋局授予"全国海洋意识教育基地"；2020年，在第四届地球日"最美地球印记"自然科普主题活动中入围前100名，获得"河北省科普示范基地"称号；2021年，被河北省林学会授予"河北省自然教育基地"称号。这些为开展自然教育工作打下了良好的基础。

三、保护区开展自然教育的形式

（一）与院校合作开展自然教育

目前保护区已与国家林业和草原局管理干部学院、天津科技大学、河北师范大学、秦皇岛环境干部管理学院、河北农业大学海洋学院等大专院校及秦皇岛本地中小学校建立了现场教学实习基地。通过规范教育培训内容和资料，更好地发挥保护区沙质海岸、滨海湿地、生物多样性等方面保护的示范和宣传作用，促进教学实习基地的建设和发展。保护区凭借生物多样性的优势及示范作用，为大专院校提供良好的自然教育场所。同时院校也将充分发挥人才、管理、科研等方面的优势，为黄金海岸自然保护区的建设和管理提供技术支撑，在生态文明建设、自然保护地体系建设等方面探索、总结出更多更好的经验。

（二）单独开展主题自然教育活动

1. "观鸟""观植物""观昆虫"等主题活动

为了增强公众爱护生物、保护生物意识，传播生态文明理念，保护生态多样性，保护区开展了"观鸟""观植物""观昆虫"等系列自然教育公益活动；同时，建立中小学生自然课堂，展现保护区自然之美，以期达到"教育一个孩子，带动一个家庭，影响整个社会"的教育效果，让自然教育在自然保护地落地生根，开花结果。

2. "救助野生鸟类放飞"主题活动

每年保护区与地方林业部门都会救助大批受伤的鸟儿。经过救助，受伤鸟儿恢复健康、能够飞行时，保护区会联合相关部门组织实施救助鸟类放飞活动。在爱鸟志愿者、中小学师生及社会爱心人士等参与者的共同见证下，多种鸟类被放飞大自然。救助野生鸟类放飞活动的举办，必将唤起全社会热爱鸟类、保护鸟类的意识，形成全社会关心支持污染防治、保护生态自然环境的浓厚氛围。

3. 开展群众性自然教育

保护区管理中心在"地球日""海洋日""湿地日"及防火月深入开展主题活动，出动宣传车、高音喇叭，精心编撰宣传材料，利用展示展板，深入社区、保护区周边村镇、用海区域，向村民、用海业户、养殖户宣传普及自然资源知识、讲解保护区管理条例和法律法规，提高村民自然保护意识，引导社会公众树立"绿水青山就是金山银山""人与自然和谐共生"的理念。

（三）积极参与社会公益活动

保护区利用自身的公益属性，积极参与社会公益自然教育活动。"山里孩子去看海"公益活动是由河北省自然资源厅（海洋局）主办的全国海洋宣传日活动。保护区作为协办单位之一，已经连续开展多届。来自不同省份山区里的孩子在保护区内感受到广袤海洋的无限魅力，体验到海洋的博大精深，也认识到保护海洋生态环境的重要意义。

四、保护区开展自然教育面临的问题

（一）开展自然教育空间不足

由于特殊的地形地貌和气候条件，保护区内整体生态承载力脆弱，自然资源保护压力和难度较大，可开展自然教育的区域较小，主要分布在沙丘、林带和潟湖湿地的边缘地带，活动区域碎片化。如海岸沙丘发育最完好的地方，处于保护区核心区，具有打造自然教育小径的良好条件，但由于法律法规及政策等规定，核心区域禁止非管理人员进入，所以只能选择边缘地区开展。这就造成了适合开展自然教育的空间，法规不允许，而真正能够开展自然教育的空间，自然资源与景观特色不明显。

（二）专业专职人员不足

自然解说员、志愿者及专家团队是自然教育基地建设、运营及管理必不可少的人才保障，保护区管理机构为河北昌黎黄金海岸国家级自然保护区管理中心，目前在编人员 14 人。全员在保证保护区正常工作的同时兼顾宣教工作，无专职开展自然教育人员，虽普遍具备丰富的自然科学知识，但没有受过专业培训，未取得自然解说员等相应资格。因此，建立一定数量的专业专职人才队伍，是保护区开展自然教育迫在眉睫的一项工作。

（三）品牌效应缺乏

保护区自然教育活动的品牌效应需要提升。缺乏必要的自然教育课程体系，课程设计和活动开展有待提升。

五、保护区开展自然教育的建议

在全社会大力倡导生态文明建设的影响下，"绿水青山就是金山银山"的理念已深入人心，公众认识自然、保护自然的意识明显增强。为更好地开展昌黎黄金海岸国家级保护区自然教育活动，提出如下建议：第一，保护区自然教育的开展，要以公益性为前提、以服务大众为根本、以自然保护为主导；第二，增加专职人员、申请专门资金或开辟募捐渠道，用于开展自然教育；第三，保护区人员要加强学习与交流，创新自然教育方法和手段，根据不同的人群应用不同的自然教育方式；第四，建立相应的激励机制，提高保护区工作人员参与自然教育的自觉性和积极性，充分把握自身条件，尝试与自然教育机构合作，开展各种形式的自然教育活动；第五，加强理论研究，形成自主特色的自然教育理论体系，提升教育活动质量，从而不断完善保护区自然教育工作，促进自然教育基地建设和发展；第六，开展全面调查，结合保护区本地资源禀赋，从海岸地理、海洋生态、海岸地貌、湿地生态、自然通识等角度挖掘知识点，遵循体验—回顾—分享—成长教学法，形成系统化的特色课程。

浅析自然教育的发展及意义

陈虹宇　任士福

（河北农业大学　河北　保定　071000）

一、引　言

在基础教育改革和党的十八大的推动下，我国自然教育迅速发展。近年来，随着我国经济社会的快速发展和生态文明理念的不断深化，社会公众开始重视人与自然的关系，主动地亲近大自然[3]。特别是美国作家理查德·洛夫提出"自然缺失症"后，进一步唤醒了人们对于自然教育的认知。在此背景下，融合了环境教育、科普教育及可持续发展理念的中国自然教育行业应运而生。

二、自然教育的定义

"自然教育"一词由卢梭在《爱弥儿》一书中最先提出，他将教育分为三种：自然教育、物的教育和人的教育，并提出要以自然教育为中心。随后，裴斯泰洛齐通过"教育心理化"把自然教育和心理学联系起来，重视户外环境中的教育以及儿童的心理，反对机械灌输，这使自然教育思想从理论走向实践[4]。卢梭的自然教育所指代的内容有两个：一是以自然环境为媒介的教育；二是指顺应儿童身心自然发展的教育。我们现在所说的自然教育是指以自然环境为背景，以人类为媒介，利用科学有效的方法，使儿童融入大自然，通过系统的手段，实现儿童对自然信息的有效采集、整理、编织，形成有效逻辑思维的教育过程。

三、自然教育发展历程

通过分析自然教育行业在我国的发展历程，大致将其分为发展初期和快速发展期[5]。在"自然教育"一词进入大众的视线、引起广泛的关注以前，我国践行生态文明建设的主要落点在于环境教育，即通过教育手段提高人们对环境和环境问题的认识，提高环保意识。自然教育伴随着环境教育发展，环境教育的推行促进了中国自然教育的出现和发展，并由此产生了"自然学校"[6]。

2012年，党的十八大报告要求，把生态文明建设放在突出地位，融入经济建设、政治建设、文化建设、社会建设各方面和全过程。生态文明理念即尊重自然、顺应自然、保护自然[7]，自然教育作为传播生态文明理念的重要手段，迎来了广阔的发展空间，开始进入快速发展阶段，各类自然教育机构数量激增，从业人员显著增加。自2013年成立第一所自然教育学校，至今在全国已经超过了500家[8]。

人们对健康生态环境的追求及家长对孩子教育的空前重视使得很多家庭选择在孩子的人格养成、知识获取、素质教育等方面投资更多的时间和金钱。但是，目前国内自然教育的研究和推广仍处于初级探索阶段[9]。

四、自然教育特征

自然教育的特点有以下几个方面。首先，自然教育更加注重户外，强调直接的体验。它带有"生态""环保"的标签，可以培养人尊重生命、尊重自然规律的价值观[10]。其次，自然教育很关注情感的启迪和提升，它并不是简单的观察花草动物，而是一种有秩序的教育行为，传统教育往往是从问题出发寻求解决，而自然教育从体验、感受和情感出发，鼓励人们保护美好。最后，自然教育非常强调帮助受教育者建立或重建与自然的联系。这一点同时也是自然教育区别于其他体验式教育、互动式教育的一个显著特点。

五、自然教育的意义

社会的发展需要自然生态环境，教育的可持续发展更离不开自然生态环境。自然教育是一个学习和思考的过程，也是一个更可持续未来的过程。在自然教育思想的指导下，学生深入观察、理解形态各异的自然事物，不仅可以得到无穷的乐趣，还能培养真善美的情感。相对于课本知识，自然教育使学生思想更放松，思维更活跃，更容易培养学习兴趣。人们更好地认识自然，理解自然，也因此增强公众对生活环境的认同和归属感，从而促使他们去主动保护周边的环境，关心当地的环境问题。所以自然教育绝不是认识、体验自然事物，而是在过程中实现情感的升华，道德的培养。

自然教育的本质是教育，强调利用自然媒介实现与人的天性发展相一致。习近平总书记曾在全国教育大会上指出："培养什么人，是教育的首要问题。"如何将教育融入自然，以自然陶冶情操，以自然养育人格，是国民教育中培养社会责任感不可或缺的部分[11]。自然教育对青少年发展来说，有着重大影响，如果自然教育缺失严重，在他们成长过程中生理、心理都会受到影响。目前很多人都意识到这个问题，但是如果仅仅把孩子带到大自然中是远远不够的。需要通过与大自然的直接联系培养孩子们对自然的责任感，使其对大自然产生兴趣、求知欲，帮助他们在自然中学习和获取来自大自然的智慧。

抛开教育的性质来说，大自然本就可以令人愉快，大量的研究也证实了自然旅行观察体验可以增加人们的幸福感。减轻中小学生课业负担，实现学生自由全面发展是推进基础教育改革和素质教育发展进程的必要条件和动力[12]，所以对于课业负担过重的学生来说，自然教育就是一种很好的放松方式。

自然中有很多有趣的生命，每个人都能以自己的思想去发现大自然中神奇之处，所以自然教育是培养学生观察力的最佳方法，自然观察能够让人们不关闭对世界的感知，而自然中有太多的乐趣能引发人们的观察欲望，从而能促使学生浸入式地深度学习，这种深度学习是自然而然地，对于学生在今后学习更深层次的知识，有着潜移默化的促进作用。

自然还能带给人们一个更宽阔的世界，认识世界的美和可能；更全面的思维能力，能更好地接受未来的生活。自然教育除了能够促进个人认知、情感的良好发展外，对于社交能力的培养也有不可忽视的作用，人们可以在表象事物中学习到其中的道理为自己所用。自然中许多生命为了适应环境而发展出了自己的特点，万物又互相联系构建出了一个庞杂的世界，其中的关系网、生存策略、格局观[13]，对于学生学习如何与他人相处、沟通帮助很大。

自然教育可以促进人生观发展，让人们学会尊重其他生命，从而做到自尊；自然教育还可以促进人类文明发展，它属于科学领域的科普活动，培养了对未来科学有推动作用的人，还帮助寻找新的感知点去研究，促使科学的进步；自然教育无时无刻不在提醒着人类是自然中的一部分，人们在自然境域中学习自然知识，建立与自然的情感，尊重生命，爱护自然，拉近人与自然的关系，建立起生态命运共同体的世界观[14]，自觉地遵循自然规律，保护环境，以此实现人与自然的和谐发展。

六、自然教育存在的问题

总的来说，我国自然教育行业发展态势良好，发展潜力巨大，但是规范发展需求迫切。

（一）缺乏自然教育相关法律法规和规章制度支撑

与日本、美国、巴西等国家相比，我国尚未有专门针对或者涉及自然教育的法律法规和规章制度[15]，行业准则缺失带来机构资质良莠不齐、从业人员素质及课程体系质量参差不齐等多种问题。必须加快对自然教育标准化的研究，探索出一条适合自然教育的高质量发展之路。

（二）缺乏自然教育专业人才

人员的专业发展是自然教育领域面临的重要挑战之一。自然教育机构的人才有两类：经营管理类和专业技术类[16]，而大量的自然教育培训缺乏规范性，专业人员紧缺，导致开设的课程单一、缺乏系统性、实施效果不佳等多种问题。了解人员配备的要求，做好人力资源的整合和培训对提升自然教育水平是非常关键的[17]。

七、结　语

自然教育倡导回归自然、感受自然之美，是人们认识自然、了解自然、理解自然的有效方法，顺应了广大人民群众关爱自然、关注环境的客观需求。教育的根本目的是自然的，调动孩子的积极性和创造性、发挥孩子的潜力，使孩子可以成为一个人格健全、思维活跃、身体健康的有用之才。自然教育涉及面广阔而复杂，形式多种多样，能够贯穿人的各个发展阶段，找到符合其自身发展需要的方向。因此，自然教育提供了一个正确的大方向，而我们现在需要做的就是探索出一条新的方向明确的高质量的自然教育道路。

参考文献

［1］卢梭.爱弥儿［M］.李平沤，译.北京：商务印书馆，1978.

［2］李冠军，李晓刚.浅析卢梭"回归自然"教育观与素质教育［J］.湖北教育学院学报，2007（11）：79-80，114.

［3］张亚琼，黄燕，曹盼，等.中国自然教育现状及发展对策研究［J］.林业调查规划，2021，46（4）：158-162.

［4］何岸，晋海燕.论自然教育目的观的现代价值［J］.天津电大学报，2006（1）：29-30，39.

［5］汪欣，黄诗琳，胡葳，等.我国自然教育行业发展现状及标准化需求分析［J］.质量探索，2020，17（3）：18-21.

［6］陈南，吴婉滢，汤红梅.中国自然教育发展历程之追索［J］.世界环境，2018（5）：72-73.

［7］张晓娟，彭昕，钟晓婵.关于我国生态文明教育的内容分析［J］.学周刊，2018（29）：42-43.

［8］邵凡，唐晓岚.国内外自然教育研究进展［J］.广东园林，2021，43（3）：8-14.

［9］李海荣，赵芬，杨特，等.自然教育的认知及发展路径探析［J］.西南林业大学学报（社会科学），2019，3（5）：102-106.

［10］孙岩，陈文术，吕添辰，等."自然教育"背景下的三亚白鹭公园设计［J］.绿色科技，2021，23（13）：68-71.

［11］王敏，李霖，张宗元.自然教育视角下关于海岸景观的保护与开发：以青岛西海

岸新区为例［J］.美与时代（城市版），2020（10）：48-49.

［12］李慧.自然主义教育视域下的教育减负［J］.湖北科技学院学报，2015，35（3）：86-89.

［13］金玉婷，祝真旭.国家自然学校能力建设项目：自然教育的实践与探索［J］.世界环境，2016（3）：62-63.

［14］莫华超，李梅.自然教育助力生态旅游业高质量发展［A］.中国旅游研究院（文化和旅游部数据中心），2020：6.

［15］王民.环境教育法国际比较与思考［J］.环境教育，2014（ZI）：27-28.

［16］赵迎春，刘萍，王如平，等.关于自然教育若干问题的对策研究［J］.绿色科技，2019（24）：310-311，314.

［17］张佳，李东辉.日本自然教育发展现状及对我国的启示［J］.文化创新比较研究，2019，3（30）：155-158.

疫情背景下自然教育的探索与实践

——以雾灵山国家级自然保护区自然教育为例

苗雨飞 王圆圆 魏 巍 李林茜 张希军

（河北雾灵山国家级自然保护区管理中心 河北 承德 067300）

一、引 言

2020年新冠肺炎疫情爆发之后，随着各地疫情的不断反复，为了阻断病毒传播，旅游和聚集活动暂时均不能正常进行[1]。

传统的自然教育，是以自然为场所，以自然体验为主要途径，进行保护自然为目的教育活动[2]。因为疫情的反复，人员不能聚集，甚至许多自然教育场所暂时不能开放。这是对自然教育的挑战，同时也是促进自然教育发展的一个新机遇。

二、案例背景

在北京、天津和河北的唐山、承德之间，有一个以燕山山脉主峰——雾灵山为核心的雾灵山国家级自然保护区，保护区内生物种类资源丰富，生态系统复杂多样。保护区主要保护对象是温带森林生态系统和猕猴分布北限。不仅如此，雾灵山还被称为"南北动物的走廊和分界线"，是猕猴、勺鸡、果子狸等南方动物的分布北限，是花尾榛鸡、攀雀等北方代表动物的分布南限。同时，雾灵山还是许多候鸟迁徙的路线之一。1995年，雾灵山国家级自然保护区加入中国"人与生物圈"自然保护区网络；2006年，成为国家示范保护区，先后被命名为全国青少年科技教育基地、全国林业科普基地、全国科普教育基地、中国青少年科学考察基地、中国森林氧吧、中国森林养生基地、中国最美森林等[3]。

根据多年的自然教育经验探索，结合雾灵山自然保护区保护需要，进行过生物地理考察、生态旅游与旅游规划、自然保护与生态文明建设、生物夏令营、生态摄影等不同的教学科普体验活动；并与周边中小学多次联合举办生态文明教育活动，引导师生参观雾灵山保护区，通过场景教育结合中小学生的亲身体验，生动地讲解了雾灵山的生态文明建设与成功经验，教育中小学生们从小养成文明习惯，进而主动地热爱自然、保护自然、宣传自然，宣传生态文明。

三、保护区自然教育面临的问题

（一）缺乏场地

自然教育提倡以自然环境为背景，自然保护区当然是最好的选择。保护区响应国家政策的要求，在这两年疫情最严重的时候关闭，其他可以开放的时间严格落实"限量、预约、错峰、扫码验码、体温检测、佩戴口罩"等疫情防控要求。疫情的反复导致保护区内的人流量逐年减少，许多人不能来现场体验自然教育。

（二）人员难以大规模聚集

自然教育是面向青少年和社会公众的多种形式的生态文明教育和行动，其受众主体是学生。全球范围内疫情仍呈扩散蔓延趋势，变异病毒加速传播，疫情反复形势严峻。新型肺炎疫情期间，禁止公共场所人员聚集，防止交叉感染[4]。学校是一个聚集性非常强的场所，更需要严格管控，学生不能外出进行自然教育体验。

四、针对问题的解决方法

（一）去学校、社区开展自然教育公益课堂

自然教育内容广泛，包括敬畏自然、安全意识、热爱生命等部分。一

场疫情，将曾经被忽视的自然教育推至人们面前，让更多的人开始思考人与自然的关系。

雾灵山自然保护区始终坚持保护立区、科研兴区、宣教强区、和谐建区的工作思路，利用资源进行宣传教育。在近年来精心组织多种主题自然教育公益课堂，主动在周边中小学和附近社区讲解疫源疫病监测防控知识，介绍雾灵山丰富的生物资源、美丽的自然景观及美好的生态环境。引导公众珍爱自然、保护自然、共享自然，营造人与自然和谐共生的良好局面，进而激发公众热爱大自然、热爱家乡的热情。

（二）编辑出版保护区自然教育专用教材

雾灵山自然保护区在认真总结自然教育工作经验的基础上，通过大胆创新、积极探索，编写了《自然的召唤——雾灵山自然教育与体验》一书。希望它能让大家对生态文明教育有一些新的认识，为推进保护区生态文明教育和生态文明建设工作打下良好基础，从而唤起更多人对雾灵山，对大自然的关注与了解，真正做到人与自然和谐共生。

本书倡导自然体验与教育，让更多人参与自然体验和教育活动，掌握基本理论和技巧。书中用形式多样的讲解以及开心的自然游戏，让读者沉浸在生态科普的过程中来充分学习雾灵山的自然知识。自然体验能够影响个体环境行为的养成，通过体验、观察、记录、分析等实践环节，逐步形成人与环境共存的环境意识和行为。在生态意识形成的过程中促进具体生物知识的认知和学习，对于物种知识、生态概念等具体认识表现出较强的理解能力，激发对自然环境和环境保护的认同感[5]。

雾灵山自然保护区风景秀美，具有丰富的自然资源，珍稀动植物种类繁多。在雾灵山，能体验真正置身于自然的怀抱、享受着大自然赐予的乐趣。在参与本教材的体验实践活动过程中，可以与大自然直接"对话"。

（三）线上进行自然教育

受新冠肺炎疫情的影响，保护区近年的自然教育活动很多是以线上方式进行的，以自然教育视频课和科普文章的方式发布。我们制作了多个自然教育主题，把森林防火、自然保护、疫源疫病防控、鸟类知识融入视频和文章当中，并在微博、微信、抖音等多个平台上传播放。利用新媒体传播使人们树立保护自然的意识，引导社会公众树立文明健康、科学生态的生活观念。

五、保护区自然教育发展前景与展望

（一）保护区自然教育发展前景

近年来保护区立足于疫情的自然教育主题让参与者容易产生共鸣，而小众化的分批活动在防范疫情的基础上，更能对普及对象精确定位，也能更有效地得到反馈。

随着各种新媒体的推广和新形势的变化，公众对自然教育的需求与日俱增，保护区依托着自身得天独厚的生态资源，应该充分利用这些资源的优势，面向公众开展更多的自然教育活动，以满足公众日益增长的自然教育需求，教育其要珍爱自然、保护自然、敬畏自然，共建人与自然和谐相处的生态美景。

（二）保护区自然教育展望

保护区预计在雾灵山正门、北门分别建设宣传教育服务中心，其中包括生态旅游游客中心、生态博物馆、建设成就展厅、电教厅。添置 LED 广告屏及配套设施，采用现代科技手段从不同角度展示保护区的动植物资源和风光，增强人们对雾灵山及其区内重点保护动植物的认识；添置适合本地区的动植物生态标本，购置标本保存和处理设备，从不同角度充分展示保护区的自然资源，使其成为集科普、宣教、观赏、展示为一体的综合性博物馆；制作反映雾灵山的历史、成因及建设发展历程的展板，以图文并茂的方式，展示雾灵山的概况、生物多样性、动植物资源、自然条件等基本情况；介绍雾灵山起源、人类活动、宗教文化、名人诗作、科学考察以及皇家封禁等雾灵山的人文历史；分景区和季节概括雾灵山的景观资源；展示雾灵山资源保护、科学研究、基础设施等方面的建设成就以及荣誉称号。同时引入智能导游系统和智能手机导游系统，完善雾灵山范围内移动、电信手机信号和无线 WiFi 信号，设置 GPS 发射器，配置蓄电池、耳机等辅助设备。近期的工作重点是完善自然教育基础设施建设，使其达到国内先进水平，进而能够适应多种形式的系统化自然教育，以促进人与自然协调发展。

参考文献

[1] 丁蕾，蔡伟，丁健青，等.新型冠状病毒感染疫情下的思考[J].中国科学（生命科学），2020（3）：247-257.

[2] 洛夫.林间最后的小孩[M].长沙：湖南科学技术出版社，2010.

[3] 李鑫，虞依娜.国内外自然教育实践研究[J].林业经济，2017（11）：12-18.

[4] 河北雾灵山国家级自然保护区管理中心.自然的召唤：雾灵山自然教育与体验[M].哈尔滨：东北林业大学出版社，2020.

[5] 孙建国，项亚飞.雾灵山[M].北京：台海出版社，2011.

河北内丘鹊山湖国家湿地公园动植物多样性研究

付晓燕[1] 江大勇[2] 高楠楠[1] 李微微[3] 周 超[1] 武 宁[1] 孟亚男[1]

（1. 河北小五台山国家级自然保护区管理中心　河北　蔚县075700；

2. 张家口市林业调查规划院　河北　张家口075700；

3. 河北省林业和草原科学研究院　河北　石家庄050500）

一、研究地区概况

河北内丘鹊山湖国家湿地公园地处河北省西南部，位于邢台市内丘县，地理坐标为东经114°19′47″—114°25′02″、北纬37°15′58″—37°16′59″，距省会石家庄市100公里。湿地位于丘陵和平原过渡区，地质构造属山西断隆太行拱断束之赞皇断束的西部。湿地所在的内丘县气候为大陆性季风气候，四季分明，雨热同季，光照充足，年平均温度为13.3℃，气温年内变化呈一峰一谷型，最热月为7月，最冷月为1月，无霜期为每年4—10月，约197天。年平均日照数为2674.0小时，日照数最多的为5月，最少的为2月。平均降水量为537.2毫米；春季降水占全年降水的12%，进入4月后，降水量逐渐增多；雨季降水强度较大，占全年降水量的65%，尤其7月下旬到8月上旬，是最集中时期，一般9—10月左右雨季结束；冬季降水最少，仅占全年降水量的2.4%。土壤主要为棕壤、褐土、新积土、粗骨土、潮土5个土类。

根据《全国湿地资源调查技术规程（试行）》和《河北省第二次湿地资源调查技术操作细则》（2011）的湿地分类系统和分类标准[2]，可将河北内丘鹊山湖国家湿地公园的湿地划分为河流湿地、沼泽湿地、人工湿地3个湿地类，包括永久性河流、洪泛平原湿地、草本沼泽、库塘4个湿地型，湿地公园的总面积为300.16公顷，其中湿地总面积为158.61公顷，占湿地公园总面积的52.84%。其中，永久性河流湿地面积为45.69公顷，占湿地总面积的28.81%，占土地总面积的15.22%；洪泛平原湿地面积为15.38公顷，占湿地总面积的9.70%，占土地总面积的5.12%；草本沼泽面积为31.11公顷，占湿地总面积的19.61%，占土地总面积的10.36%；人工库塘湿地面积为66.43公顷，占湿地总面积的41.88%，占土地总面积22.14%，详见表1。

表1　河北内丘鹊山湖国家湿地公园湿地类型及面积统计

代码	湿地类	代码	湿地型	面积（公顷）	占湿地总面积比例(%)	占土地总面积比例(%)
Ⅱ	河流湿地	Ⅲ	永久性河流	45.69	28.81	15.22
		Ⅱ3	洪泛平原湿地	15.38	9.70	5.12
Ⅳ	沼泽湿地	Ⅳ2	草本沼泽	31.11	19.61	10.36
Ⅴ	人工湿地	Ⅵ	库塘	66.43	41.88	22.14
合计				158.61	100.00	52.84

二、调查方法

（一）植物调查

植物调查采取样地调查与样带调查相结合的方法。

样地调查：在典型的群落类型中共设10个30米×20米的调查样方调查乔木层，在样地的对角线中间位置设置4个2米×2米的小样方调查灌木层，在样地的四个角设置4个1米×1米小样方调查草本层，乔木层逐株调查植物种名、树高、胸径、冠幅等，灌木层与草本层记录植物种名、株数（或丛数）、高度、盖度等，并记录层间植物。样带调查：根据调查区域内生境不同布设5条样带。调查时，对于简单易识别的物种，直接拍照、记录物种名；对于不易鉴别的物种需要同时采集标本和拍摄照片。采集的标本需附记采集时间、地点、采集人及样地编号，由专家鉴定后，补充记录[3-5]。

（二）动物调查

动物调查采用样带法、红外相机法、社会访问法，样带布设基本覆盖湿地公园所有生境类型，调查观察对象包括动物实体、动物活动的痕迹（包括粪便、卧迹、足迹链、尿迹等）。2018年6月至2019年6月，在湿地公园内共布设5条动物样线、10个鸟类观测点、30台红外相机、100个鼠笼，采集了1050份动植物标本，并查阅了历史资料，访问主管部门、养殖或经营户及有经验的村民，对调查内容进行补充。

三、植物研究

（一）植物数量

湿地公园内植物种类多样，按照《中国植被》及《中国湿地植被》的划分方法，依据《全国湿地资源调查技术规程（试行）》关于湿地植被分类系统的说明，结合实地考察公园内的生境特征和群落学特征，湿地公园内共有维管植物155种，隶属于52科119属，详见表2，其中蕨类植物3纲3目3科3属4种，裸子植物1纲1目2科3属3种，双子叶植物21目34科74属92种，单子叶植物8目13科39属56种。公园内拥有国家二级重点保护野生植物1种，为野大豆（*Glycine soja*）。

表2　河北内丘鹊山湖国家湿地公园维管植物资源统计

门	科	属	种
蕨类植物	3	3	4
裸子植物	2	3	3
被子植物	47	113	148
合计	52	119	155

（二）植被类型

按照《中国湿地植被》的分类系统，将湿地公园湿地植被划分为 2 个植被型组 4 个植被型 28 个群系。其中，2 个植被型组包括沼泽植被型组和浅水植物湿地植被型组。

1. 草丛沼泽型

草丛沼泽型是本区最重要的湿地植物群落，并构成了湿地公园的基本植被景观。该植被型包括莎草群系、蔗草群系、白茅群系、水蓼（*Polygonum hydropiper*）群系、芦苇（*Phragmites australis*）群系、水葱群系、香蒲（*Typha orientalis*）群系、豆瓣菜群系等共 19 个群系[7-8]。

芦苇群系：该群落是该区最重要的湿地植物群落之一，生境地表积水（水深在 0.5 米以下）或湿润，土层积有较厚的褐色夹泥的草根层，厚度 10~50 厘米。芦苇群落为单一优势种群落，群系中芦苇生长繁茂，株高 2.0~4.5 米，成熟期总盖度 80%~95%。伴生种在春夏生长期较多，主要为酸模叶蓼（*Polygonum lapathifolium*）等，偶有鬼针草（*Bidens pilosa*）等。芦苇在季节性干燥的区域也能生长，但长势较差，营养体变小，盖度较低。

香蒲群系：该群落也是本区重要的湿地植物群落之一。香蒲群落主要分布在马河上游、马河水库的周围，生长地的水深一般在 20~50 厘米。群落结构常常分为 2 层或 3 层，总盖度 70%~90%。在浅水池塘或水速较小的浅水区域也常见小香蒲群落，常与莎草属、灯芯草属植物混生。

蓼群系：蓼属（*Polygonum*）植物种类较多，在绝大部分湿地都有分布，常可形成大面积的优势群落，群落组成成分比较复杂，以酸模叶蓼、水蓼等为优势种，该群落的伴生种比较多，常见的有问荆（*Equisetum arvense*）、鸭跖草（*Commelina communis*）等，盖度在 30%~35%。

2. 漂浮植物型

漂浮植物是根不着生在底泥中，整个植物体漂浮在水面上的一类植物。漂浮植物型群落主要分布在湿地公园水流缓慢、面积较大的水域中，该区湿地包括浮萍（*Lemna minor*）和紫萍（*Spirodela polyrhiza*）2 个群系。浮萍群落常出现于马河上游及中段水域内，而下游多有紫萍群落分布。

3. 浮叶植物型

浮叶植物是指生于浅水中，叶浮于水面，根长在水底土中的植物。浮叶植物主要分布于马河上游及中段水域内,有荇菜(*Nymphoides peltata*)1个群系。

4. 沉水植物型

沉水植物群落除靠近马河中央较深、过于清洁、缺乏营养的地带及下游水域之外,广布于其他各水域内,但不同的水域环境中生活着不同的沉水植物群落。该区湿地沉水植物群落包括菹草(*Potamogeton crispus*)、马来眼子菜(*Potamogeton wrightii*)、狐尾藻(*Myriophyllum verticillatum*)、金鱼藻(*Ceratophyllum demersum*)、黑藻(*Hydrilla verticillata*)、大茨藻(*Najas marina*)等6个群系。

以上这些不同类型的植物群落,反映了鹊山湖湿地植被由水生到湿生的演替层次,表明该区湿地生态系统的典型性和复杂性。

(三)资源植物

湿地公园的资源植物丰富,按用途可分为药用植物、野菜植物、野生饲料植物、野生油脂植物、野生纤维植物、野生芳香植物、野生淀粉及糖料植物、野生花卉观赏植物等,其中公园内较为重要的资源植物如下所述。

1. 野生药用植物

药用植物是指植物的全部、部分或其分泌物可以入药的植物,其有效部位可以是根、茎、叶、花、果实、种子或全草,湿地公园常见的野生药用植物有问荆、车前(*Plantago asiatica*)、地肤(*Kochia scoparia*)、旋覆花(*Inula japonica*)、猪毛菜(*Salsola collina*)、萹蓄(*Polygonum aviculare*)等。

2. 野生油料植物

油脂是人民生活中不可缺少的营养物质,也是食品、医药、造纸、皮革、纺织、油漆等工业的重要原料。湿地公园常见的野生油料植物有播娘蒿(*Descurainia sophia*)、野大豆等。

3. 野生淀粉及糖料植物

野生淀粉植物可提取淀粉和糖类,是制造淀粉以及酿酒等的主要原料。湿地公园常见的野生淀粉及糖料植物有白茅(*Imperata cylindrica*)、打碗花(*Calystegia hederacea*)、稗(*Echinochloa crus-galli*)等。

4. 野菜植物

野菜不仅含有人体所必需的营养成分,而且是植物纤维丰富的保健食品。湿地公园常见的野菜植物有水蓼、酸模叶蓼、苦荬菜（*Ixeris polycephala*）、地肤、灰绿藜（*Chenopodium glaucum*）等。

5. 野生观赏植物

湿地公园内具有一定量的野生观赏植物，可以引导人们人工种植，用于湿地环境的美化。常见有酸模叶蓼、扁秆荆三棱（*Bolboschoenus planiculmis*）、香蒲、芦苇等。

四、动物研究

湿地公园内有水库、河流、沼泽和滩涂等多种湿地景观，其多样的生境类型孕育着较为丰富的动物种类，特别是鸟类多样性尤其丰富。

（一）种类组成

据统计，湿地公园共有野生脊椎动物137种，隶属于5纲25目57科95属，其中水生脊椎动物鱼类7种，隶属于2目4科7属；陆生脊椎动物130种，隶属于4纲23目53科88属，见表3。

表3 河北内丘鹊山湖国家湿地公园主要脊椎动物统计

分类单位	目 数量	目 比例（%）	科 数量	科 比例（%）	属 数量	属 比例（%）	种 数量	种 比例（%）
鱼纲	2	8.00	4	7.02	7	7.37	7	5.11
两栖纲	1	4.00	3	5.26	3	3.16	5	3.65
爬行纲	2	8.00	4	7.02	6	6.32	9	6.57
鸟纲	15	60.00	39	68.42	69	72.63	106	77.37
哺乳纲	5	20.00	7	12.28	10	10.53	10	7.30
合计	25	100	57	100	95	100	137	100

湿地公园内陆栖脊椎动物在种类组成方面有如下特点：一是两栖、爬行动物种类少，占脊椎动物种类的10.22%，这与北方地区陆栖脊椎动物区系特征相符合。二是鸟类最多，占全部脊椎动物种类的77.37%。三是缺乏大型兽类，直接因素是过度猎取，间接因素则是对动物栖息环境的破坏，

如森林砍伐后的人工林下的植被稀疏，不适于大、中型陆生脊椎动物的生存。

（二）保护动物

湿地公园内共有国家重点保护野生动物 13 种，其中国家一级重点保护野生动物 1 种，即黑鹳（*Ciconia nigra*）；国家二级重点保护野生动物 12 种，如大天鹅（*cygnus cygnus*）、白尾鹞（*Circus cyaneus*）等；河北省重点保护野生动物 39 种，详见表 4。

表 4 河北内丘鹊山湖国家湿地公园保护动物统计

保护级别	类别	数量	种类
国家一级	鸟类	1	黑鹳
国家二级	鸟类	12	大天鹅、小天鹅、鸳鸯、白尾鹞、日本松雀鹰、雀鹰、苍鹰、普通鵟、红隼、红脚隼、纵纹腹小鸮、长耳鸮
河北省重点保护	两栖类	3	黑斑蛙、金线蛙、北方狭口蛙
	爬行类	3	鳖、赤峰锦蛇、黑眉锦蛇
	鸟类	31	凤头䴙䴘、普通鸬鹚、苍鹭、大白鹭、白鹭、牛背鹭、池鹭、黄斑苇鳽、豆雁、绿翅鸭、针尾鸭、鹊鸭、斑头秋沙鸭、普通秋沙鸭、黑翅长脚鹬、大沙锥、四声杜鹃、大杜鹃、蓝翡翠、星头啄木鸟、大斑啄木鸟、灰头绿啄木鸟、白头鹎、楔尾伯劳、黑卷尾、灰喜鹊、红嘴蓝鹊、喜鹊、寿带、山噪鹛、山鹛
	哺乳类	2	刺猬、黄鼬

黑鹳属于鹳形目鹳科的大型涉禽，近年来，由于栖息环境破坏、人为干扰等原因，数量稀少，我国已将其列为国家一级重点保护野生动物，也是世界珍稀濒危鸟类之一。调查结果显示，黑鹳主要分布在鹊山湖上游与河道交界处的浅滩及湖心岛等处，主要以鲫鱼、泥鳅等小型鱼类为食，也食蛙、虾、甲壳类等其他动物。湿地公园的河流浅滩和湖心岛是黑鹳觅食的主要生境，这与此生境比较开阔、食物充足、干扰相对较小有关。

（三）动物种类

1. 鱼 纲

湿地公园内有鱼类 2 目 4 科 7 属 7 种，即鲤形目鲤科鲤属的鲤（*Cyprinus*

carpio），鲫属的鲫（*Carassius auratus*），鲢属的鲢（*Hypophthalmichthys molitrix*），鳑鲏属的中华鳑鲏（*Rhodens sinensis*）；鳅科中泥鳅属的泥鳅（*Misgurnus anguillicaudatus*）。鲇形目鲇科鲇属的鲇鱼（*Silurus asotus*）；鮠科中黄颡鱼属的黄颡鱼（*Pelteobagrus fulvidraco*）。

2. 两栖纲

湿地公园内有两栖动物1目3科3属5种，即无尾目蟾蜍科蟾蜍属的花背蟾蜍（*Bufo raddei*）和中华蟾蜍（*Bufo gargarizans*）；蛙科蛙属的黑斑蛙（*Rana nigromaculata*）和金线蛙（*Rana plancyi*）；姬蛙科狭口蛙属的北方狭口蛙（*Kaloula borealis*）。

3. 爬行纲

湿地公园内有爬行动物2目4科6属9种，即龟鳖目鳖科鳖属的鳖（*Pelodiscus sinensis*）；有鳞目壁虎科壁虎属的无蹼壁虎（*Gekko swinhonis*）；蜥蜴科麻蜥属的丽斑麻蜥（*Eremias argus*）；游蛇科游蛇属的黄脊游蛇（*Coluber spinalis*），链蛇属的赤链蛇（*Dinodon rufozonatum*），锦蛇属的双斑锦蛇（*Elaphe bimaculata*）、赤峰锦蛇（*Elaphe anomala*）和黑眉锦蛇（*Elaphe taeniura*），颈槽蛇属的虎斑颈槽蛇（*Rhabdophis tigrinus*）。

4. 鸟　纲

湿地公园有鸟类15目39科69属106种，占我国已知鸟类的7.96%，占河北省已知鸟类460种的23.04%。从鸟类组成看，雀形目种类最多，共38种，占鸟类种数的35.85%；非雀形目共68种，占鸟类种数的64.15%。

湿地公园的水鸟资源也极有特色。它们以鹊山湖湿地为栖息空间，依水而居，或在水中嬉戏，或在浅水、滩地与岸边涉行，或在其上空飞行，以各种特化的喙和独特的方式在湿地觅食。在湿地公园的106种鸟类中，湿地水鸟有49种，隶属于7目13科30属，见表5，占鸟总数的46.22%。水鸟中种类较多的为鸭科、鹬科和鹭科；栖息于开阔水域的是鸭类、秧鸡类、䴙䴘类等，鹭科、鹳科鸟类多栖息于浅水沼泽，鸻科鸟类一般在湿地公园的滩涂区域活动。

表5　河北内丘鹊山湖国家湿地公园水鸟种类组成

目	科		属		种	
	数量(个)	比例(%)	数量(个)	比例(%)	数量(个)	比例(%)
鹏鹕目	1	7.69	2	6.67	2	4.08
鹈形目	1	7.69	1	3.33	1	2.04
鹳形目	2	15.38	6	20.00	7	14.29
雁形目	1	7.69	7	23.33	14	28.57
鹤形目	1	7.69	3	10.00	3	6.12
鸻形目	6	46.15	9	30.33	20	40.82
佛法僧目	1	7.69	2	6.67	2	4.08
合计	13	100	30	100	49	100.00

5. 哺乳纲

湿地公园内有哺乳动物5目7科10属10种，包括食虫目1科1属1种，即猬科的普通刺猬（*Erinaceus europaeus*）；翼手目1科1属1种，即蝙蝠科的普通伏翼（*Pipistrellus abramus*）；兔形目1科1属1种，即兔科的草兔（*Lepus capensis*）；啮齿目3科6属6种，即松鼠科的岩松鼠（*Sciurotamias davidianus*）、花鼠（*Eutanias sibiricus*），仓鼠科的黑线仓鼠（*Cricetulus barabensis*），鼠科的黑线姬鼠（*Apodemus agrarius*）、褐家鼠（*Rattus norvegicus*）、小家鼠（*Mus musculus*）；食肉目1科1属1种，即鼬科的黄鼬（*Mustela sibirica*）。从种类看，啮齿目种类最多，共6种，占哺乳动物总数60%。总之，哺乳动物中，以啮齿类为主的小型哺乳动物构成了湿地公园的哺乳动物群。

根据湿地公园内植被分布差异和其他自然生态环境的特点，可以将湿地公园的动物生境划分为以下4种类型：林地、矮山灌丛、河谷漫滩、农田居民区。通过实地考察将本地区的哺乳动物的分布归为4种生境类型[9-10]，见表6。

表6 河北内丘鹊山湖国家湿地公园哺乳动物物种分析

生境类型	物种	种数	占总数百分比(%)
林地	普通伏翼、草兔、岩松鼠、花鼠、黑线姬鼠、小家鼠、黄鼬	7	25.00
矮山灌丛	刺猬、普通伏翼、草兔、岩松鼠、花鼠、褐家鼠小家鼠	7	25.00
河谷漫滩	刺猬、草兔、黑线仓鼠、小家鼠、黄鼬	5	18.00
农田居民区	刺猬、普通伏翼、草兔、岩松鼠、花鼠、黑线仓鼠、褐家鼠、小家鼠、黄鼬	9	32.00

五、研究结论

（1）湿地公园的生物资源较为丰富，拥有维管植物155种，隶属于52科119属，有国家二级重点保护野生植物1种，为野大豆。湿地公园共有野生脊椎动物137种，水鸟资源也较为丰富，有49种，隶属于7目13科30属，占鸟类总数的46.22%。水鸟中种类较多的是鸭科、鹬科和鹭科的鸟；栖息于开阔水域的是鸭类、秧鸡类、䴙䴘类等，鹭科、鹤科鸟类多栖息于浅水沼泽，鸻科鸟类一般在滩涂活动，湿地公园丰富的生物多样性更值得保护。

（2）湿地公园的湿地植物种类比较丰富，其区系的组成、性质、特点与当地自然地理条件相一致；湿生植物群落类型比较全面，群落组成、结构相对稳定，反映出该区域湿地生态系统处于相对平衡的状态。

（3）湿地公园的湿地原生植被较为典型，沉水植物、浮叶植物等构成了独特的湿地植物景观。湿地公园上游河流蜿蜒曲折，河岸形态自然优美，常有水鸟栖息，形成了冀南地区较为稀缺优美的湿地水景，具有独特的审美价值。

（4）湿地公园的湿地生态系统处于相对平衡的状态，但仍存在不可忽视的问题，如湿地水域面积不断减小，生境条件发生退化，湿地植被有向陆生植被发展的迹象，典型水生、沼生植物种群数量减少，动物的数量与种类也在减少，人类活动干扰破坏等，因此湿地面临的潜在威胁较大。

参考文献

[1] 沈立新,段成波.北海湿地保护区植被类型及其环境状况的研究[J].西部林业科学,2004,33(4):13-16.

[2] 国家林业局办公室,2010.国家湿地公园试点验收办法(试行)[EB/OL].(2014-07-09).https://www.doc88.com/p-6436784857165.html.

[3] 袁军,高吉喜,吕宪国,等.纳木错湿地资源评价及保护与合理利用对策[J].资源科学,2002,24(4):29-34.

[4] 于永福.中国野生植物保护工作的里程碑:《国家重点保护野生植物名录(第一批)》出台[J].植物杂志,1999(5):3.

[5] 杨明,周桔,曾艳,等.我国生物多样性保护的主要进展及工作建议[J].中国科学院院刊,2021,36(4):399-407.

[6] 何兴.城区生物多样性保护与规划研究:以中新广州知识城南起步区为例[J].建设科技,2021(5):91-94.

[7] 盛世兰.中国生物多样性保护的战略和实践[J].创造,2021(2):47-49.

[8] 郭子良,邢韶华,崔国发.自然保护区物种多样性保护价值评价方法[J].生物多样性,2017,25(3):312-324.

[9] 郑光美.中国鸟类分类与分布名录[M].北京:科学出版社,2017.

[10] 陈军芳.林业野生动植物资源管护方法研究[J].农业灾害研究,2020,10(8):112-113.

自然教育基地的类型及存在问题分析

成克武

(河北农业大学园林与旅游学院 河北 保定 071000)

自然教育基地（natural education base）是指具有一定面积的自然场地，配套有开展自然教育活动的设施及人员，且能够提供多种形式自然教育课程的场所[1]。自然教育基地凭借其自然环境、自然与人文资源和自然生态体验项目，为参与者走进自然、了解自然、感受自然提供了良好机会，对于提高公众尊重自然、热爱自然、保护自然的生态环境意识具有重要作用，因此自然教育和自然教育基地建设越来越受到世界各国的重视。自然教育和环境教育密切相关，美国，日本、韩国、澳大利亚、巴西、菲律宾及欧洲一些国家，通过环境教育立法的形式来强化国民环境教育[2,3]，构建了较为完善的环境教育发展方案，同时也促进了自然教育的发展和自然教育基地的系统化建设。我国自改革开放以来，全国对环境保护和自然教育重要性的认识不断提高，党的十八大报告把生态文明建设纳入中国特色社会主义事业总体布局之中，党的十九大报告提出"坚持人与自然和谐共生""像对待生命一样对待生态环境"，推动了各行各业对自然生态环境的不断重视，"绿水青山就是金山银山"理念已成为全社会共识，加强自然教育基地建设，促进公众自然生态认知和环境教育，是推动我国生态文明建设和提高公众环境意识的重要途径。目前，我国的自然教育基地建设仍处于初期阶段，对自然教育基地的类型，自然教育基地存在的问题还缺乏较为深入的研究，不利于我国自然教育基地的建设和发展。本文拟通过作者以往实践调查和文献分析，总结自然教育基地的类型，分析我国自然教育基地发展中存在的问题和解决对策，为我国自然教育基地建设提供参考。

一、自然教育的对象及形式

自然教育主要以自然为主题，通过接触自然、认识自然、学习自然、保护自然，树立人与自然和谐相处的良好关系[4]。自然教育的对象一般从少儿到成年人，涉及各个年龄段，以青少年为主。由于不同群体生活、学习或工作的环境不同，接受自然教育的途径不完全相同，对自然教育基地的选择也会存在差异。一般从幼儿园、中小学到大学阶段的各类学生群体，接受自然教育的主要途径包括学校教育、家庭亲子自然活动、户外自然科学课程和研学旅行等，自然教育的主要场所包括家庭、学校、城市和社区绿地、自然学校、自然保护地和其他郊野自然环境等。成人接受自然教育的途径主要包括成人教育、户外活动、自然旅游、户外自然科学课程等，自然教育的主要场所包括社区户外休憩绿地、自然保护区、森林公园和郊野自然环境等。

二、自然教育基地的主要类型

根据对国内外自然教育实践活动总结，自然教育基地的类型主要包括以下几种类型：

（1）学校。学校是开展自然教育理论课程的重要阵地。由于许多学校缺乏足够的自然环境，难以在学校内开展自然教育实践活动，因此，一般学校不被作为自然教育基地。美国、澳大利亚、韩国等国及我国台湾的中小学，在校园规划设计和环境建设中注重贴近自然，有意识地保留或人工构建一些湿地、森林、生态池等接近自然的环境或生态系统，为学生接近自然、探究自然创造条件，将学校作为开展自然教育的重要场所，学校通过组织学生开展相关课程或观察探究项目，引导学生学习认识自然相关知识[3]。

（2）社区及城市绿色空间。随着各国城市化的发展，越来越多的人口聚居于城市，使人类与自然的隔离程度不断加大，城市居民所在的社区花园及城市公园、街头绿地、植物园、动物园等绿色空间由于贴近其生活环境，且出行方便,成为城市居民日常生活中最容易到达和接触自然最多的场所。城市居民利用闲暇时间在这些空间进行休憩娱乐和人际交往的同时,接触和感受自然,潜移默化接受自然教育,尤其是青少年成长过程中,社区及城市绿地是其经常接触的空间,也是接受自然教育的重要场所[5,6]。因此,社区与城市各类绿地空间在美化环境、改善生态、满足公众休憩娱乐的同时,为公众提供自然教育功能。

(3)自然保护地。自然保护地多位于城市郊野地区,包括国家公园、自然保护区、森林公园、湿地公园等,往往是一个国家或地区自然环境最原始、自然生态最丰富的区域,也是开展自然教育最理想的场所[3],因此世界各国都极为重视自然保护地的自然与环境教育功能,通过合理的规划建设和运营管理,实现对公众多种形式的自然教育目标,如保护地管理机构通过博物馆、视听中心、解说系统、体验活动等满足公众对自然的了解,或通过与政府机构、非政府组织、专业的教育机构等合作,以保护地为场所,开展各类专业的自然教育课程。

(4)乡村社区。乡村社区既有优美的自然环境和独特的田园风光,又有独特的农耕文化、乡土建筑和地方风俗,由于其独特的旅游资源,使得乡村旅游在世界各地快速发展,游客在体验乡村独特自然风景与文化习俗的同时,加深了对乡村景观和人与自然和谐互动关系的认知[7,8]。日本、韩国和我国台湾地区都比较重视乡村地区在公众自然教育中的作用,通过乡村社区自然景观保育恢复和社区文化传承,推动了乡村旅游的发展,吸引城市居民深入乡村地区,在乡村旅游体验过程中接受自然教育。目前,乡村旅游在我国乡村地区快速发展,但是对乡村旅游的自然教育功能还缺乏充足的认识,乡村地区作为自然教育基地的作用还没有充分发挥出来。

(5)自然郊野。郊野地区空气清新,生物组成和天然植被类型丰富,地貌景观与城市截然不同,成为许多热爱静谧的自然环境、躲避喧闹旅游景区的城市居民在节假日家庭休闲度假的重要场所。随着现代交通业的快速发展,私家车辆占有比例不断提高,以家庭为主体的郊野出游不断增加。美国通过较为系统的规划布局,在其国内郊野地区建立了较为完善的国家公园、州立公园体系,在城市郊野林地设置了公众游览、露营的场所和设施,满足公众出行需求[9]。我国台湾也有较为发达的郊野休闲度假场所和露营地，每逢节假日大量家庭进入郊野，不但满足了家庭度假需求，而且在度假过程中，父母引导孩子怎样在野外搭建帐篷、怎样野炊、怎样处理垃圾，孩子通过野营活动逐渐形成了正确对待环境的态度和实践技能。通过家庭野外休闲度假，父母把享受自然的乐趣传递给孩子，使孩子与自然之间建立了深厚的情感，孩子在成人后又会延续父母的做法，把对自然的关系传递给下一代。

（6）其他专题性兼营基地。其他专题性兼营基地由政府机构、专业教育机构、环保组织、科研机构等，利用一些特定的场所（如农场、养殖场、科研基地、果园、蔬菜及良种繁育基地、垃圾处理厂、节能工厂、生态工程项目基地、自然生态恢复改造示范项目等），开展针对不同群体的专项自然及环境教育课程或参观体验活动，以增强公众对自然生态的认识。这类教育基地公众参观或体验活动的内容多与基地生产经营或科研管理等工作紧密相关，往往更具专业性，但涉及自然教育的内容较为狭窄，形式单一。

三、我国自然教育基地建设中的不足

我国自然教育兴起较晚，但近些年发展速度很快，呈现继续高速发展的趋势，公众对自然教育的需求度很高，但现有的自然教育基地良莠不齐，场地及设施不足、人员紧缺、教育内容和方式单一等问题广泛存在[10]，具体表现为以下方面：

（1）自然教育基地的类型还不够丰富。不同类型的自然教育基地各有其优缺点，类型越丰富，可以为公众接受自然教育提供更多的选择。目前我国自然教育基地主要以各类自然保护地为主，其他类型在全国各地有所发展，但数量较少，尤其是乡村社区，自然郊野和专项教育营地在一些地区还没有得到足够重视。

（2）自然教育基地公众体验环境的原生性不够突出。自然认知体验的环境受人为影响越小，其原生性往往越强，环境中所蕴含的生物和生态关系越复杂多样，越有利于公众了解自然本真的面貌和各类自然要素之间错综复杂的关系。我国的一些自然教育基地在建设过程中,由于道路、建筑、活动场所和其他设施的不合理建设,甚至地形植被的改造,往往对自然环境造成无意伤害,导致体验场所中原有的生物种类和自然生态关系消失,原有的自然环境的简单化和人工化,公众只能感受教育基地内大的自然环境氛围,缺乏对细节的深入了解。

(3)自然教育基地的课程类型不够丰富。自然教育基地丰富的自然要素,可以为公众提供环境资源(地质、地貌、水文、气候等)、动物资源(哺乳类、鸟类、鱼类、两栖类、爬行类、昆虫等)、植物资源、景观资源等多方面的认知体验内容,但目前我国许多自然教育基地在体验内容的设置上缺乏深入挖掘,自然教育课程或公众体验内容局限于少数几个方面,自然解说内容狭窄,使自然教育基地的教育功能大为弱化,公众自然教育过程雷同于自然旅游观光活动。尤其是针对不同年龄段的受教育者,缺乏因不同季节自然景物变化、因不同体验者人群的差异化课程设置。

(4)自然教育基地解说系统不够完善,自然教育指导教师不足。自然教育基地需要构建较为完善的自然解说系统和配备多方面的专业导师,以指导自然教育基地内体验和认知自然教育活动及相关科学实践活动的开展。目前我国大部分自然教育基地自然解说设施不完善,内容单调,难以因时而异、因人而异提供解说服务,尤其是专业导师缺乏或讲解质量不高,使公众在自然教育体验过程中缺乏专业指导,体验认知的深度大打折扣,自然教育质量难以保障。如加拿大国家公园的解说系统通过公园地质地貌、物质循环和生态系统的解说启发游客对环境问题、绿色生活方式等进行思考,而我国的解说大多停留在地质地貌、景物形态的介绍方面,甚至以神话传说或低俗内容愚弄游客[11]。

四、国内教育基地建设的几点建议

(1)充分利用各类自然资源,建设类型多样的自然教育基地。自然教育可以充分利用学校、社区、城市、乡村和自然保护地等各类自然环境与资源,通过合理规划建设,满足公众自然教育需要,针对我国自然教育基地类型较为单一,自然教育设施尤其是解说系统不够完善、公众使用不便的情况，政府部门在宏观管理上，应重视对学校、社区和城市空间、乡村社区、自然郊野类型自然教育基地的建设，为不同类群提供自然教育场所。

（2）注重对自然教育基地自然环境的保护。为确保自然教育基地在开发建设和运营中其自然环境不受破坏，为公众提供真实的自然教场景，需要在开发建设前对自然教育基地进行深入调查和科学规划，在专业人员指导下进行开发，防止人为破坏，并在自然教育活动过程中进行科学的管理，防止公众对自然生态的干扰破坏。

（3）加强对自然教育基地课程体系的研发，丰富自然教育课程的内容和提高受教育者的针对性。自然教育基地应根据自身条件和自然资源的季节变化，根据不同受教育者群体，突出地方性和自身特色，设置对应的自然教育课程内容。如美国的一个生态农场，针对散客参观体验游，根据当天农场生产管理的具体任务确定游客的体验活动内容，参与者经过简单培训，可以和农场的工人一起参与当天的种菜、喂鸡、采摘等农事活动。自然教育课程通过网上预约制控制授课对象和班级容量。对于幼儿园和小学生，提供以参观花园，采摘蔬菜，亲手挤奶、制作奶酪和黄油，体验动物喂养为主的动手体验课程；对于初高中学生，重点传授生态保护和社区农场知识，学习土壤改良技术、育苗技术、节水灌溉技术、作物套种及病虫害防治技术、畜牧养殖技术等。满足了不同层次参与者的体验需求[12]。

（4）加强自然解说体系建设和专业人才队伍培养。高素质、高水平的管理团队是保证自然教育基地良好运营的关键，加强人才队伍的培养是自然教育基地建设的重要内容，为了提高自然解说员数量及素质，保证自然教育的专业化，自然教育基地需要加强对自然教育基地导览人员及专业课程导师定期进行系统化和专业化培训，使其掌握基本的自然科学知识、熟悉讲解导览的内容与方法、具备开发和开展自然教育课程不同层次的知识和技能，通过加大对自身特色自然教育资源的挖掘，形成各具特色的自然体验课程。

在自然教育基地的解说体系方面，要构建多种信息传递渠道，除专业导师讲解外，要充分利用解说牌、自然生态影像、解说图册等多种自然知识展示工具。同时，根据新媒体时代公众信息获取的途径，借助微博、微信、微电影等时尚传播途径，促进自然教育宣传教育。

参考文献

［1］中国林学会.自然教育基地建设导则（T/CSF 010—2019）［S］，2019.
［2］苏玉萍，林佳，赵明，等.福建省环境教育学科发展研究报告［J］.海峡科学，2018（10）：145-151.
［3］李鑫，虞依娜.国内外自然教育实践研究［J］.林业经济，2017，39（11）：12-18，23.
［4］沈晓萌.基于景观感知的乡村自然教育营地规划设计研究［D］.北京：北京林业大学，2019.
［5］周晨，黄逸涵，周湛曦.基于自然教育的社区花园营造：以湖南农业大学"娃娃农园"为例［J］.中国园林，2019，35（12）：12-16.
［6］尹科娈.基于儿童自然教育的城市隙地市民农园营造研究［D］.长沙：湖南农业大学，2017.
［7］林雅橙.乡村中的儿童自然教育营地规划设计策略研究［D］.广州：华南理工大学，2019.
［8］袁元.自然教育理念下南京市三泉村乡村建设模式探讨［J］.南方农业，2018，12（2）：112-113.
［9］杨锐.美国国家公园体系的发展历程及其经验教训［J］.中国园林，2001（1）：62-64.
［10］赵迎春，刘萍，王如平，等.关于自然教育若干问题的对策研究［J］.绿色科技，2019（24）：310-311，314.
［11］罗萧.福建农林大学校园自然解说系统构建与评估［D］.福州：福建农林大学，2019.
［12］周岩.艾米农场：美国小型生态农场的样板［J］.中国农垦，2019（4）：67-68.

河北小五台山国家级自然保护区的生物多样性保护与自然教育探索

白锦荣 张爱军 王 巍 赵焕生 忻富宁 甄 伟

（河北小五台山国家级自然保护区管理中心 河北 蔚县 075700）

自然教育作为一种以自然为师的教育形式，是确立人与自然正确关系的根本性教育，旨在推动全社会形成顺应自然、尊重自然、保护自然的共识，对提高国民科学素质、影响公众参与生态环保事业具有重要作用[1-3]。

自然教育最早开始于20世纪前期，但是真正在中国兴起却是2010年以后的事情[4]。目前，全国范围内由自然保护区牵头的自然教育少之又少，河北小五台山国家级自然保护区管理中心参与自然教育的时间可追溯到20世纪80年代，但是一直以来参与度不高，大多数时候是提供一些后勤和安全保障工作，能够真正进入教学环节的机会并不多。事实上，保护区拥有大量的专技人员，专业知识并不比带队老师差。保护区建章立制，培养专门人才，合理的利用小五台山的生物多样性资源开展自然教育，探索自身自然教育发展的模式，对保护区的发展具有重要意义。

一、小五台山自然保护区概况

河北小五台山国家级自然保护区位于河北省张家口市蔚、涿鹿两县境内，东西长60公里，南北宽28公里，总面积267平方公里。小五台山属于太行山脉北段，山势挺拔险峻，东台是其最高峰，海拔 2880 米。气候垂直分布显著，属暖温带大陆季风型山地气候。四季温差变化较大，冻结时间长，无霜期短，降水时间集中在 6—9 月。大部分山谷皆有溪水，主要水源是降水、地下水和潜水等。主要土壤类型有亚高山草甸土，山地棕壤及褐土类。

保护区距北京 125 公里，是首都西北部生态屏障的重要环节，是诸珍稀野生动植物的重要栖息地。保护区属暖温带森林生态系统类型，主要保护对象是天然针阔混交林、亚高山草甸和褐马鸡等国家重点保护野生动植物。

（一）小五台山植物资源

小五台山地区植物种类繁多，是华北地区植物种类最丰富的地区之一。保护区根据近年对区内高等植物的系统调查，小五台山分布有野生高等植物 1387 种，隶属于 118 科 527 属。其中，蕨类植物 16 科 24 属 60 种；裸子植物 4 科 9 属 13 种；被子植物 98 科 494 属 1314 种，以菊科、禾本科、豆科植物种类最为丰富。在 1387 种植物中，木本植物 241 种，占 17.9%，以桦属、松属、落叶松属、云杉属、栎属、杨属为主；草本植物 1109 种。在所有植物种类中，有国家重点保护植物 33 种，如大花杓兰、杓兰、紫点杓兰、北五味子、野大豆、刺五加、穿山薯蓣等。2010 年，河北省最新颁布的《河北省重点保护野生植物名录（第一批）》中，河北省重点保护野生植物共计 192 种，其中 96 种在本保护区有分布。

（二）小五台山动物资源

小五台山已知陆生脊椎动物 199 种，隶属于 4 纲 25 目 67 科。分别是：两栖纲共 1 目 2 科 4 种，爬行纲共 2 目 4 科 12 种，鸟类 150 种，分属于 15 目 48 科，哺乳纲共 7 目 13 科 33 种。

在保护区众多的动物种类中，被列入国家一级重点保护野生动物有褐马鸡、金钱豹、黑鹳、金雕、白肩雕、大鸨 6 种。其中褐马鸡为世界珍禽、中国特有；国家二级重点保护野生动物有斑羚、勺鸡、鸳鸯、小天鹅、白琵鹭、苍鹰、日本松雀鹰、雀鹰、凤头蜂鹰、白腹鹞、白尾鹞、鹊鹞、黑鸢、普通鵟、红隼、红脚隼、燕隼、游隼、红角鸮、雕鸮、纵纹腹小鸮等共 21 种；河北省重点保护动物有黑眉锦蛇、中杜鹃、黑枕黄鹂、复齿鼯鼠、貉等 41 种。

二、小五台山自然保护区自然教育现状

小五台山自然保护区 2019 年主要接待的是来自北京和河北的学生,其中金河口管理区的接待量最大,接待 635 人,分别来自 5 所学校;杨家坪管理区的接待量次之,接待 360 人;山涧口的接待人数为 175 人,辉川管理区无接待能力,接待量为 0。限制于小五台山自然保护区的接待能力,各管理区每年的接待量几乎相同,而且都是满接待量(表 1)。

表 1　2019 年度小五台山保护区接待量

管理区受教育者	人数	机构数
金河口	635	5
山涧口	175	2
杨家坪	360	1
辉川	0	0

保护区的接待人数 7 月份最多,达 675 人,8 月份次之,达 395 人,两个月合计接待量占全年的 91.5%,9 月份仍有少量人员到来,其他月份仅有个别人员到来。这种集中的人员到来,极大地限制了保护接待能力。

在校大学教师带队,是自然教育的主导者,在学校的课程设计之下,完成大学生的科普实习。小五台山自然保护区工作人员主要提供教育场地,并按照老师的要求,完成相应的布置,构建教育场景。保护区还带领学生进行森林徒步、登山探险、植物赏析、昆虫辨认等自然体验活动。此外,自然教育的后勤和安全保障全部由保护区提供。总之,保护区在自然教育的各个环节起了必不可少的作用。

三、小五台山自然保护区自然教育探索

保护区要满足自身发展需要,完成角色转变,探索自然教育的新模式,提升自然教育的含金量,还需要在诸多方面付诸努力,完善自我,以适应

自然教育教育发展的新形势。

（一）自然教育课程开发与实践

自然教育课程是自然教育活动的重要组成部分，是来访者融入大自然的重要渠道[5]。通过近几年的自然教育实践，针对保护区的自然资源与设施场地特点，按照自然体验、科普教育、环境教育等主题开发不同形式的课程，同时以户外生存、自然欣赏及自然手工创作等方式来凸显自然体验教育主题。保护区近年来科普读物创作硕果累累，2011年出版《小五台山植物志》，2013年出版《小五台山昆虫资源》，2016年出版了《小五台山常见植物图鉴》和《小五台山陆生脊椎动物资源调查》。保护区应充分利用这些科普读物，有计划地开展课程设计，摸索保护区独有的自然教育形式。

（二）森林主题教育场馆建设

位于蔚县古城区的小五台山自然博物馆建于2012年，占地面积1255平方米，在保护区探索自然教育过程中发挥了一定作用，充分展示小五台山的自然价值和文化价值。博物馆内设地质厅、植物厅、动物厅、菌物厅、昆虫厅、3D巨幕播放厅等展厅，另设地质标本室、动物标本室、植物标本室和公共卫生间、商品部等配套设施，馆藏展品19870余份。3D厅内可播放保护区制作的小五台山3D影像全篇介绍；大厅内摆放着大型小五台山沙盘，参观者可在此处看到小五台山的整体面貌。小五台山博物馆在自然教育过程中发挥了重要作用，但是该场馆展示的功能较多，互动的内容较少，而且远离山区和森林，无法实现来访者与自然的直接互动。保护区应充分利用现有的硬件设施，围绕自然教育需求，加强场馆的升级改造，建设以森林体验为主题的场馆，集教育、展示、娱乐于一体，突出地方特色和趣味性[6]。

（三）积极开展宣传教育

立足于保护区周边社区，结合本地实际情况，利用自然教育新理念，提高社区群众的环保意识。小五台山自然保护区已开设小五台山官方微博和小五台山网页，利用这些新媒体，积极宣传自然教育意义，激发周边社区群众的参与保护自然热情。

（四）学习引进先进的自然教育理念

以自然教育为载体，强调受教育者的知识、技能、意识、态度等方面的全面提升。通过综合实践活动，使来访者在与大自然的接触中获得丰富的实践经验，提升对自然、社会和自我之间内在联系的整体认识水平，在逻辑思维、判断能力及运用知识与技能的综合能力上得到升华。更重要的是，要让受教育者明白，人与自然的关系密不可分，人的衣食住行样样离不开生物多样性的支持，进而激发受教育者的环境保护意识。

四、结论与讨论

目前，全国自然教育事业发展方兴未艾，但是本保护区在这方面的发展却是裹足不前的，其主要作用仍是配合大学和科研机构完成科学考察，未能在自然教育过程中发挥其应有的作用。主要原因表现在，保护区虽然有大量的林业方面的专业技术人员，但是缺乏教育学背景的人才，无法在教学过程中起主导作用；保护区没有自然教育相关经费，也不能擅自经营相关活动，只能依附于大学和科研机构探索自然教育的发展；蔚县与涿鹿县的自然教育发展水平整体相对落后，仍以应试教育为主。

针对上述状况，保护区应制定出适合本保护区自然教育发展的思想路线，以适应全国的发展形势。保护区应该招募一批有教育学背景的师范毕业生，专门从事本保护区自然教育的研究[7]。保护区的自然教育应该从驻地的周边社区兴起，探索适合本保护区发展的自然教育。保护区仍需加强和大中专院校、科研机构以及其他公益机构的合作，构建保护区、社区、自然教育机构三方互联互通平台，把先进的理念和方法引进来，把生物多样保护的理念真正传播开来，争做祖国自然教育事业发展的排头兵。

参考文献

[1] 孟威，虞依娜. 自然教育人才胜任力模型的构建与应用：基于某高校旅游管理专业"自然教育"兴趣小组的实践活动[J]. 中国林业教育，2019，37（4）：1-4.

[2] 李鑫，虞依娜. 国内外自然教育实践研究[J]. 林业经济，2017，39（11）：12-18.

[3] 黄励，曾令峰. 自然保护区社区村民环境意识调查与环境宣教对策研究[J]. 广西

师范学院学报（自然科学版），2010，27（2）：97-101.

[4] 全国自然教育论坛.2018年度全国自然教育行业发展调研［R/OL］.2018. https://share.weiyun.com/59za0ls

[5] 姜诚.自然教育：需要尽快补上的一课［J］.环境教育，2015（12）：77-79.

[6] 汪丽，王兴中.长青国家级自然保护区与周边城镇生态旅游整合开发研究［J］.重庆师范大学学报（自然科学版），2015（4）：160-166.

[7] 冯科，谢汉宾.陕西长青自然保护区开展自然教育的SWOT分析［J］.林业建设，2018（1）：27-30.

森林康养式自然教育基地

任俊杰 原阳晨 周苗苗 庞久帅
(河北省洪崖山国有林场 河北 易县 074200)

一、自然教育

(一)定 义

自然教育即自然环境的生态保护教育、对自然认知的教育,简而言之就是置身于大自然的环境中,观察和摸索周围的自然环境,感受大自然的美好,从而自发学会欣赏自然、尊重生命、爱惜生命,培养可持续发展的绿色生活价值观,自主成为一个爱己爱人爱自然的世界公民。自然教育基地,顾名思义是用于实现自然教育的地方。

(二)建设的必要性

自然教育是指让青少年通过欣赏、感知和了解自然,从中获得感触和启发,进而提高关爱自然、保护自然意识的一种户外教育方式[1]。儿童、中小学生来到大自然,对这里的一切事物都充满好奇,绿树、青草、动物、山水、未知的一切,对求知欲旺盛的孩子来说乐趣无穷,五彩缤纷的大自然刺激着孩子的各个感觉器官,他们兴致勃勃地注视、倾听、触摸、询问,甚至品尝。通过自然导师的引导,可以让他们通过自己思考的过程记录下自然观察过程,能够对自然有印象与兴趣,最终能热爱大自然。在自然中我们应当通过"引导"打开孩子敏锐的视觉、听觉、嗅觉能力,让孩子成为探索的主体,感受自然之美。

不仅仅是儿童及青少年,成年人同样缺乏自然教育,缺乏对大自然的认知。国外针对自然教育的学术研究较为成熟,包括森林教育支持系统[2]、以青少年为对象的森林自然教育的开展方案研究[3]、森林自然教育现状[4]。国内,在相关自然教育方面取得了一些成绩,但整体来说自然教育内容及体系相对缺乏,教育模式虽然丰富,但可供使用的自然资源匮乏,从而造成了理论与实践脱离。近些年,生态文明建设被提上发展日程,自然教育迫在眉睫。

二、森林康养式运营模式

森林康养是林业与健康养生融合发展的新业态,是以优质的森林资源为依托,将现代医学与传统养生方法有机结合,开展森林康复、疗养、科普教育、保健、休闲等一系列有益人类身心健康的活动[5]。

将自然教育渗透入林业改革的新模式——森林康养中,一方面可以达到自然的教育的目的;另一方面还能一定程度上提高森林康养基地的知名度,促进经济发展,势必事半功倍。

(一)森林康养国外发展过程

森林康养在中国早已有之,但以西医理论为基础的现代森林康养却发源于德国。目前美国、欧盟、日本、韩国等国家和地区森林康养正呈方兴未艾之势。国外森林康养的经历总共分为三个阶段。

第一阶段:1980年以前,以德国为代表的雏形期。

德国是世界上最早开始森林养生实践的国家,19世纪40年代,德国创立了世界上第一个森林浴基地,形成了最初的森林康养概念。而美国是开展森林疗养条件研究最早的国家。

第二阶段:1980—2000年,以日本、韩国为代表。

(1)日本的森林康养于1982年从森林浴起步,并举行了第一次森林浴大会;1983年,发起了"入森林、浴精气、锻炼身心"的森林浴运动,建立了严格的森林疗养基地认证制度和森林疗养师资格考试制度,还专门成立了森林医学研究会,其制度及体系较为完善,可以直接作为自然教育基地。

(2)韩国于1982年开始提出建设自然康养林;1988年确定了4个自

然养生林建设基地。1995年将森林解说引进到自然养生林，启动森林利用与人体健康效应研究。

第三阶段：2000年以后，全世界蓬勃发展。

（1）在德国，国家强制性地要求公务员参加森林康养，推行森林康养后，国民健康指数增加，森林保护意识增强。

（2）在日本，几乎人人都参与森林浴。截至2013年，日本全国共认证了57处、3种类型森林康养基地，每年近8亿人次到基地进行森林浴，森林康养产业得到迅速发展。

（3）在美国，组建了森林保健技术企业队来保护和管理森林资源，美国人均收入的1/8用于森林康养，年接待游客达到20亿人次。

（4）在韩国，截至目前，共营建了158处自然休养林、173处森林浴场，修建了4处森林康养基地和1148公里林道，也有较为完善的森林康养基地标准体系，建立了完善的森林讲解员和理疗师森林康养服务人员资格认证、培训体系。

（5）在荷兰，每公顷林地年接待森林康养参与者可达千人，韩国每年有1/5的人口参与到森林康养活动中来。

（6）欧盟在2004—2008年发起了森林、林木及人类健康与福祉的研究，森林自然教育较为普遍。

（二）森林康养国内发展过程

我国的森林康养事业主要还停留在以满足感官体验为主要形式的初级阶段，即更多关注森林旅游资源开发。虽然一些地方开始规划建立了森林浴场，以满足日益增长的保健及自然教育需求，但整体规模小，模式单一，产生的影响有限。

在生态文明建设战略的指引下，我国近年来掀起了森林康养的发展热潮。国家林业局于2015年5月6日正式印发《林业发展"十三五"规划》，提出要大力推进森林体验和康养，发展集旅游、医疗、康养、教育、文化、扶贫于一体的林业综合服务业，强调要加快发展和提升森林旅游休闲康养产业[6]。2017年，中央1号文件提出：要大力改善森林康养等设施条件，充分发挥乡村各类物质与非物质资源富集的独特优势，利用"旅游+""生态+"等模式，推进农林业与旅游、文化、康养等产业深度融合。这一信号表明，森林康养将成为林业发展新业态、新方向，成为林业产业转型升级的新常态。

近年来，我国积极与德国、日本、韩国等国开展森林康养国际合作，如：中韩合作的"北京八达岭森林体验中心"（由八达岭森林体验馆和450公顷的户外体验区构成，通过开设森林教室、露营地、赤脚漫步等活动丰富了森林游憩和森林体验的内容），中德共建的甘肃秦州森林体验教育中心，福建旗山国家森林公园与法国某公司合建的飞跃丛林冒险乐园，等等。

（三）业态模式

自然教育是利用自然保护地等资源，建设符合自然发展方向的教育基地。森林康养的运作同样是充分利用森林公园、湿地公园等自然保护地，建设森林小镇、森林人家、森林步道、森林浴等康养基地及其基础设施，开发森林浴、森林休闲、森林度假、森林体验、森林医疗、森林运动、森林教育、森林保健、森林养生、森林养老、森林温泉疗养和森林食疗等各类森林康养项目。

（1）青少年：针对现在部分青少年自然知识缺乏、肥胖、注意力紊乱、创造力下降、抑郁等问题，自然教育基地可渗入森林康养中的森林浴、森林体验、森林医疗等项目，寓教于乐，提高其对自然的认知，激发其想象力、创造力。

（2）成年人：由于成年人的工作时间及工作性质等原因，导致其缺乏对大自然的深入认知，可将成年人的自然教育植入到森林运动、森林食疗、森林养生、森林教育等森林康养业态模式下。

三、发展意见及建议

（一）利用现有森林康养基地

一方面，利用国内现有森林康养基地，进行交流合作，部分区域加以改善，作为自然教育基地。森林康养下的自然教育基地适合所有年龄段学员。自然教育基地的加入，会提升森林康养产业的文化底蕴，且政府及自然教育机构的大力宣传可以推进森林旅游业高质量发展。

另一方面，应抓住国家对自然教育的重视及大力推进森林康养的契机，做好规划，将自然教育基地与森林康养有机结合。据悉，河北省将高质量完成造林绿化420万亩，大力发展森林康养产业，在京津周围森林资源良好、基础条件完善的森林公园、自然保护区打造一批集度假、疗养、保健、养老、娱乐于一体的优质休闲养生产品。在此建设过程中，可争取相关政策扶持，植入自然教育基地。

（二）改革教育方向、方法，促使行业规范化

对于教育机构，一方面应增设多元化自然教育课程，编制相关教材，改善课程考察方式；另一方面，参与自然教育基地建设方向构想，做到理论与实践相结合。

对于社会层面，应扩大自然教育从业队伍并促进其体系化、规范化，有效供给其专业培训及专业认证。加强自然教育基地服务人员培训，提高其自然教育素养，以示范及引导大家对于自然的关注和保护。同时，基地应增加自动式语音解说系统的建设，为成人及对自然教育学习感兴趣的青少年提供相应学习平台，扩大教育受众群体，增加自然教育实践时间。

参考文献

[1] 贺江华. 强化自然教育丰富研学旅行［N］. 湖南日报，2020-02-02（011）.

[2] MITSUTOSBI A B E，TETSUHIKO Y，NAOKI Y，etal. TET-SUROSAKAI. Development and evaluation of a supportsystem for forest education［J］. Journal of Forest Research. 2005，10（1）：43-50.

[3] KONGSAK T，SUNEE L .The Development of Environmen-tal Education Activities for Forest R esources Conservationfor the Youth［J］. Procedia-Social and Behavioral Sciences，2014，116：2266-2269.

[4] CHERUBINI P. Forest research and education［J］. the status quo.Forest，2006，9（3）：300.

[5] Endang Sukara. Tropical Forest biodiversity to provide food，health and energy solution of the rapid growth of modern society［J］. Procedia Environmental Sciences，2014（20）：803-808.

[6] 丛丽，张玉钧. 对森林康养旅游科学性研究的思考［J］. 旅游学刊，2016，31（11）：6-8.

浅析高校开展自然教育的实践与探索

李晓东

(河北小五台山国家级自然保护区管理中心　河北　蔚县 075000)

河北小五台山自然保护区是河北农业大学园林与旅游学院"研究生实践教育基地"和"毕业生实习实训基地",该教育基地能够扩展合作领域,促进产学研一体化,并且将高校和实践教育实现优势互补,促进共同发展并实现共赢。2018 年 7 月,河北农业大学生命科学学院和河北省小五台山国家级自然保护区管理局确立了社会实践基地合作关系。这些院校的合作主要是依托小五台国家级自然保护区的自然资源构建教育实践的基地,能够充分发挥资源优势,促进和学校之间的沟通和合作交流,给优秀的研究生科研和毕业生实习实训带来良好的平台。

一、当前高校开展自然教育的必要性

自然教育主要是基于一定的自然环境,发挥人类的作用,使用有效的方式让学生融入自然中,并且加强学生对自然信息的收集和整理,从而形成社会生活的逻辑思维,实现教育。在当前,自然教育机构是主要的促使群众参加到生态环保工作中去的力量,利用自然教育,能够得到相关的自然知识,加深人们对人与自然的理解,从而提高学生的环境素养,实现自然教育的目标。

在一些发达国家中,关于高校教学和自然教育的相关研究和发展已经比较成熟,但是在我国,自然教育多数还是在中小学中进行的,在高校中,自然教育仍然是空白的,并且没有人才培养的规划,不论是在学术研究层面上,还是在实践中都十分薄弱,没有形成有效的行业标准和评价系统,教育平台的构建也十分滞后[1]。但是,在当前生态发展和绿色发展工作中,大学生有着重要的推动作用,因此,在高校中,加强自然教育刻不容缓。

二、高校开展自然教育的对策研究

(一)高校探索自然教育的人才培养模式

在高校中,开展自然教育,选拔自然教育志愿者,也是高校进行自然教育工作的重要内容。因此,在高校中,需要充分认识到自然教育的重要性,并且将自然和教育有效结合起来,在教育教学过程中,要找到自然教育和人文教学的切合点,从而能够建立有效的教学模式和教学机制,加强对特色人才的培养。立足于自身学校发展优势和专业特色基础,不断探索有效的自然教育人才培养模式,优化课程体系设计,并且提高对社会服务功能的探索和研究,从而不断提高高校在自然教育工作中的实效性[2]。

(二)依托研学旅行与自然教育示范平台开展自然教育

高校研学旅行和自然教育示范平台的建设要将生态文明教育作为目标,并且依托研学旅行和自然教育,与素质教育的改革和发展充分结合,从而担负起生态文明建设人才的重要任务,不断提高大学生的创新创业水平[3]。在开展研学旅行和自然教育过程中,可以和其他的企业寻求合作,从而举办各种方式的科普研学活动。例如,可以举办实践课程"垃圾的魔法",让学生能够掌握垃圾的危害,并且在潜移默化的过程中不断提高他们的环保意识和能力;开展"废弃物与生命"课程,提高大学生的生态文明建设意识,提高社团的环保意识,从而能够促进学校中的垃圾零废弃工作的开展,加强城市精神文明建设,全面提高学生的环境保护意识;举办"9·15世界清洁地球日"活动,提高学生主动服务的精神,使其能够更加关注垃圾问题。

(三)依托自然保护区开展自然教育

在我国,自然保护区是开展自然教育的重要环境平台。高校和河北小五台山国家级自然保护区合作构建教学实习基地,能够推动河北小五台山保护区的转型发展，并且对于提高学生的综合能力有着很强的现实意义。同时，能够促进区域精准脱贫工作的开展。在一些经济比较落后的地区中，建立教育旅游和扶贫实验项目，开展各种生态旅游服务技能培训，带来生态服务活动等。针对社区旅游发展、旅游知识、乡村民宿经营等相关内容开展专题讲授。在培训的过程中，能够促进附近地区村民的重视和参与，提高了他们的积极性，同时也显著提高了河北小五台山国家级自然保护区的生态旅游参与能力，提高了其旅游服务的意识，保护了当前的文化，促进了村落的发展，同时也提高了高校的人才培养能力，对于酒店管理专业和旅游管理专业的学生来说，给他们带来了实习的良好平台，将学生的理论知识转化为服务社会的能力。例如，2018年暑期，生命科学学院按照上级要求，结合学院实际，组织学生开展社会实践及扶贫志愿服务活动。

三、结　语

在传统环境教育中，主要是普及人和自然的关系，反思自然资源可持续发展，反之来看，自然也直接对人类产生着很大的影响。在最近几年中，我国城市化发展不断加速，越来越多的学者针对自然环境对人类影响进行了分析和研究，更加认识到和自然接触能够显著促进人类的身体健康，带来更多的福祉。在将生态文明建设写进党章之后，"绿水青山就是金山银山"的理念成为我国生态文明建设的重要思想，也成为各地的发展战略。在环境教育中，自然教育是重要的发展方向，并且环境教育立法给自然教育的不断发展带来了基础和平台。在高校中，也需要不断培养自然教育和生态环境的人才，在大学生课程中纳入自然教育的内容，并建立自然教育的有效机制和系统。要基于社会发展的需要，增加生态环境专业学科的设置，同时扩大研究生招生，从而培养更多生态环境复合人才。

参考文献

［1］李黎星.浅析自然教育思想对大学教育的启示［J］.教育教学论坛，2017（12）：

42-43.

[2] 刘东江, 许一飞, 李婷婷. 自然教育在设计课教学中的运用[J]. 广西教育学院学报, 2019（5）: 134-137.

[3] 谷永林. 国外发达国家大学生生态文明教育先进经验对我国的启示[J]. 科技资讯, 2018（24）: 202-203.

试论自然教育基地运营及管理模式

刘润萍　仰素海　刘亚儒　赵高鑫　李瑞平

（河北小五台山国家级自然保护区管理中心　河北　蔚县 075700）

近年来，我国的自然教育行业得到了迅速的发展，既体现了起源自西方国家的环境教育、户外教育、保护教育、可持续教育等概念，充分关注人与自然的情感连接和情感重建，又结合了我国当前社会中对健康安全、体验实践和公众参与的关注，以及中华民族传统文化和习俗中关于"道法自然""天人和谐"等理念的融合，整个社会对自然教育的发展表现出强烈的需求和积极的参与热情，这也为行业的蓬勃发展奠定了坚实和丰沃的社会基础。

一、自觉遵循运营原则

自然教育基地有其自身的特点和规律，在运营中应遵循以下原则。

（一）因地制宜

由于基地的类别、教育资源、地理条件等存在差别，自然教育的内容和形式也呈现多样性。因此，因地制宜地进行基地运营是成功的关键。应避免大而全，应围绕自身的特色资源，确定明确的教育主题，充分挖掘特色资源内涵，设计一些受众喜闻乐见、寓教于乐的自然教育载体，让群众在体验和参与中增长环保知识、养成环保习惯、提高环保素养[1]。

（二）主体导向

由于受众的群体、年龄、文化程度、教育目的等不同，基地的教育内容和手段必然有所差异。因此，在基地运营过程中，必须根据受众特点，注重发挥受众的主观能动性，从受众的需要出发，实现由单纯的传授讲解向活动体验参与转变，将自然教育内化为受众乐于易于接受的东西，使其在无形中确立正确的价值观，规范自身热爱自然行为，实现经济、社会和自然环境的可持续发展。

（三）贴近生活

与传统的注重科学知识普及相比，自然教育更具有独特的优势，可以让教育走进自然、贴近生活。基地教育要努力使教科书式、枯燥的、专业的内容走向生活化、科普化，教育目标和内容都应当向大众生活靠拢和回归，让自然教育和大众生活在基地有机融合，在生活中体验自然之美，从而激发参与者的兴趣、增长自然知识，使其能在日常实践中进一步认知、感悟和行动，用学到的知识和技能，去推动形成尊重自然、顺应自然、绿色节能的生产生活方式[2]。

（四）探究体验

对知识的渴求和探究是吸引受众的关键，也是基地运营设置的方向。过去的科普教育往往是"去参观、听讲解、发资料"，久而久之受众也就失去了兴趣。现在的自然教育要求基地强化项目参与和情感互动，增强对教学内容的拓展与反思，提倡探究性学习，将被动式的灌输方式转变为主动的互动交流方式。通过形式多样的体验式自然教育，让参与者在实践活动过程中增强对生态建设和环境保护的认知，掌握关于大自然的知识与技能，内化为环境素质和生态价值观，这也是自然教育基地运营的价值所在。

二、采用丰富的运营形式

自然教育基地运营所采用的形式很多是同时进行、非常多样、丰富多彩的。

（一）营队活动

大部分自然教育基地都提供冬夏令营活动，但是有不同的侧重。如有的重视冒险教育，通过组织营队，培养孩子们的生存能力；有的则较多地提供更加自由的露营，活动内容由孩子自己决定；还有的每年夏天开展1个月的超长营队，孩子们在其中不断成长，给自己设立目标并为此努力。

（二）生态旅行

据调查，80%的自然教育基地开展生态旅行，这是参加者深度体验当地自然、文化、生活的旅行方式，全程各个环节都渗透着可持续的理念，在参加者愉快地体验和学习的同时，也帮助当地社区发展和区域振兴。

（三）访客中心

大部分有影响力的自然保护地都设立了访客中心等自然教育设施，为公众提供自然教育服务。通过互动式的展示，由员工根据季节变化更改馆内展示物，大部分都是手工制作，这样既灵活、成本又低，还能很好地吸引访客仔细观看、触摸、参与。

（四）生活体验

为城市人提供全年的乡村生活体验课程，学习用自己的双手创造生活，既能感受乐趣又能学到技术。在每月一次的学习中，参加者能够逐渐明确自己的价值观，从而最后能达到知行合一，让自然教育与自己的日常生活联系到一起。

（五）农牧体验

提供农业体验、畜牧体验，让城市人接触第一产业，了解生命和食物间的重要关系。例如提供少儿养马课程，通过每天对马的喂养、清洗、牵引、骑乘，建立与马的关系，感受生命以及人与动物之间的关系。

（六）幼儿教育

近年来，幼儿的自然体验越来越受到社会的重视，特别是森林幼儿园在国内增加迅速，他们一周或者每月一次组织有关活动和课程，有些地方政府非常重视，还有的专门设置了扶持政策。

（七）园区培训

也有些自然教育基地和当地社区紧密结合，提供丰富多彩的自然体验和环境保护活动。除了自己的访客中心，还利用精心设计过的园区组织体验活动，组织志愿者维护园区自然环境，为自然教育人才培养提供培训场地等。

三、设计经典的教育类型

根据受众的年龄特征和学习爱好,设计与实施不同的自然教育类型,充分调动其愉悦心情、轻松状态,在愉快活动中渗透知识、能力和生态意识等,有效达成自然教育目的。

(一)自然观察

自然观察类的活动是自然教育中最经典、最普遍的活动。观察的目的是科学地认识物种、观察现象、了解一些博物学知识,更重要的是欣赏自然的美、自然的多样性、自然的复杂多变与神奇。常见的有观鸟、观蝶、观植物、观虫、观真菌、观星、夜间观自然活动等,自然状态的任何物种、自然现象都可以成为观察的对象。

(二)自然艺术

强调用一些天然的原材料和自然中获得的事物,自己动手去创造一些艺术品。如近年比较流行的自然手作:树叶拼贴画创作、叶脉书签的制作、木工制作、艺术盆栽、种子盆栽、艺术压花、艺术插花、植物染、拓印等。

(三)户外康乐活动

这些主要是与目前风行的一些户外活动结合,增加活动的吸引力和普遍性。如徒步、攀岩、健行、静坐、冥想、农耕、花卉种植、露营、手作步道、土袋房建造、树屋建造等活动。

(四)自然笔记

在自然体验过程中,通过文字描述、绘画、录音和摄影等手段,或者直接收集有价值的生物残体来提取自然中的各种元素,借以比较长久地记录大自然的信息。可设计自然物收集、自然观察文字记录、手绘自然、户外写生、录音、生态摄影、生态视频制作等活动。

(五)自然探究

开展具有一定深度的科学考察、调查性质的探究活动,如设计树林考察——次生林与人工林对生物生存的影响对比调查;水资源调查;鸟类生态调查;昆虫调查;蝶类调查;蛙类调查;蜘蛛的观察与研究;植物搭配对生态的影响调查；高速公路造成的环境影响调查；动物的猎食、繁殖、迁徙等行为观察等不同的探究主题活动。

四、把握运营的关键要素

模范遵守相关的法律法规是基础，教育内容和功能发挥是重点，个性指标和特色亮点是核心，从实践角度来看，基地能够成功地运营应把握好五个方面的关键要素。

（一）主　题

鲜明的主题是自然教育基地运营的灵魂。如天子岭垃圾填埋场将"固废之旅"作为自然教育的主题，将"跟着垃圾去旅游"作为基地宣传口号，做到语言简洁明了、朗朗上口，充分体现基地特色。

（二）展　馆

展陈和活动是自然教育基地运营的核心。主要包括丰富的模型、标本、声光电、新媒体等宣传展示平台，系统的自然教育课程体系，富有基地特色的环保活动和互动体验项目，如低碳科技馆的展示方式既有丰富的碳文化展示和身临其境的全球变暖3D体验，也有贴近生活的低碳生活方式体验和互动游戏项目。同时建筑本身就是绿色建筑，拥有多项先进技术，是节能减排的典型工程。在设计活动时，不仅要注重公众的参与和体验，而且要注意教育内容的完整性。

（三）线　路

丰富的线路是自然教育基地的重点，基地的线路不是指简单的生态旅游线路，而是精心设计自然教育功能点位的集合，这需要基地结合自身特色和优势，加强对点位的自然教育功能的开发和提升，并且连点成线，使其成为自然探秘场所和自然教育的互动体验区域。如将森林标本展示、林区体验项目和手工制作互动进行有机衔接，开发成课程体系，形成几条典型线路。

（四）队　伍

队伍建设是自然教育基地的关键，与国外的自然教育基地相比，目前国内的大多数基地运营都是原有自然要素和教育功能的拓展与延伸，而不是专题的自然教育场所,基地的人力、物力、财力很难支撑自然教育功能的有效发挥。这就需要借助自然教育管理队伍、专兼职的讲解员队伍和自然教育志愿者队伍这三支队伍,其中讲解员队伍和解说词尤为重要,解说词要求既突出基地特色,又充分考虑受众特点;既要突出科学性、形成体系,又要通俗易懂、方便互动参与。

(五)资 料

资料储备是自然教育基地运营的基础。资料主要包括三个部分:完善的自然教育课程体系,能用现代教育手段和寓教于乐的方式进行自然教育;富有自身特色、受众喜爱的自然教育资料,包括宣传片、宣传资料和科普读物等;立足基地、服务周边、辐射社会的自然科普和专业技术资料等。

五、加强运营的科学管理

自然教育基地的运营管理要充分依托独特资源和环保主题,努力实现创设品牌化、活动项目化、管理科学化和机制创新化。

(一)创设品牌化

自然教育基地要充分挖掘动植物资源,突出特征性物种知识的普及,注重设计自然教育精品线路,设计形式多样的参与载体,让公众在感受生物多样性魅力和参与体验活动的同时接受自然教育。主题展馆类的自然教育基地,要充分运用现代信息传媒技术,模拟演绎自然场景,让公众身临其境感受自然变化。示范工程类的自然教育基地,要充分展示自然整治的过程和先进技术,让公众亲眼看见环境变迁和治理技术,增强可持续发展意识。活动场所类的自然教育基地,则以丰富的载体和群众喜闻乐见的方式吸引公众参与其中,打造自然教育品牌,让大众在交流互动中更好地接受自然教育[3]。

(二)活动项目化

自然教育基地的运营核心是教育活动的设计与实施,设计成功与否关键是能否吸引受众去感知大自然、体验模拟场景和动手参与实践,从而将其融入日常情感和行为。要结合基地的自身特点和优势及来访者的不同需求,遵循参与性、关联性、情感性和创新性等原则,对教育活动进行整合提升,推出面向不同层次的教育活动、自然教育课程体系和教育互动体验项目，并向社会延伸，服务社区的发展建设。

（三）管理科学化

自然教育基地的运营最基本的是日常的管理和维护。基地要模范遵守各项环保法律法规，做到污染物达标排放、环境整洁有序、节能节水节电措施到位、环境管理不留死角，身体力行实践资源节约、环境友好。

（四）机制创新化

深入了解国内外自然教育基地运营的现状、问题和对策，借鉴学习优秀经验与做法，开展基地运营的理论研究和机制创新，为基地的建设和发展提供技术支撑。加大融资力度，不仅在基地建设过程中需要大量资金的投入，在后续运营的过程中也需要资金的不断注入，以利于基地持续地更新内容和形式，不断完善独具特色的自然教育功能。

通过自然教育基地的有效运营，让大众亲近自然、融入自然，在自由放松的状态下体验自然课程，掌握基本的自然观察知识，激发孩子们的好奇心和求知欲，进而逐步形成爱护自然界每一种生物的保护意识，使得濒危物种保护、当地社区发展、生态环境可持续、青少年身心健康等方面达到共同受益的和谐统一。自然教育的本质，实际上是一种普惠性的社会公益服务，每一个孩子、每一个家庭，乃至每一个公民都应该有权力获得专业的、优质的自然教育，这也是我们推动生态文明建设、培育新一代具有绿色素养的社会公民的客观要求。

参考文献

［1］李佳颖.环境教育基地建设应遵循的原则［J］.北方环境，2013，25（7）：167.
［2］李松涛.关于创建环境教育基地的思考［J］.广州环境科学，2013，28（4）：10.
［3］环境保护部宣传教育中心.国内外环境教育基地典型案例汇编［M］.北京：中国环境出版社，2013.

乡村自然教育的探索

吴凌子　赵高鑫　刘润萍

（河北小五台山国家级自然保护区管理中心　河北　蔚县　075700）

一、自然教育

（一）自然教育定义

自然教育，是让体验者在生态自然体系下，在劳动中接受教育；是解决如何按照天性培养体验者，如何培养体验者释放潜在能量，培养如何自立、自强、自信、自理等综合素养的同时，树立正确的人生观、价值观，均衡发展的完整方案；是解决教育过程中的所有个性化问题，培养面向一生的优质生存能力、培养生活强者的教育模式。

自然教育是以自然环境为背景，以人类为媒介，利用科学有效的方法，使儿童融入大自然，通过系统的手段，实现儿童对自然信息的有效采集、整理、编织，形成社会生活有效逻辑思维的教育过程。真实有效的大自然教育，应当遵循"融入、系统、平衡"的三大法则。从教育形式上说，自然教育，是以自然为师的教育形式。人，只是作为媒介存在。自然教育应该有明确的教育目的、合理的教育过程、可测评的教育结果，实现儿童与自然的有效联结，从而维护儿童智慧成长、身心健康发展。

（二）自然教育带来的是什么

自然教育是"真爱""真信""真实"的教育，是释放孩子本源天性的教育。真爱是爱孩子的本身，爱孩子的现在和未来，而不是爱别人对你或者你孩子的言论或者评价；真信是相信孩子成长的能力，都是他们天性中与生俱来的，不应该迷信教育造成或者改变了你的孩子，所以要相信好的教育可以打开孩子能力成长的闸门，让他们自然地在恰当的河道奔涌歌唱；真实是让孩子参与到家庭、社会的真实生活中来，只要有了真爱、真信，就可以获得平衡的家庭生活。如果您的家庭生活中有什么喜乐和忧愁，都可以和孩子一起分享。

自然教育表明，如果我们不知道怎么教育孩子，最好的办法就是完全放开，让孩子在承担有限责任的情况下，在可能涉足的未来场景中自由发挥。自然教育原理也表明，约束孩子们的自然运动，会对教育的进步和孩子天性的发挥造成影响，非自然的约束通常是灾难性的，越是年纪小的时候，后果越严重。测不准原理、生物遗传动力反馈簇原理和试错原理，揭示出我们"精确教育"的破产，我们只能在某种程度上达成自己的目标，它更反映出我们一般意义上认知的局限性、不完全性，因此，放弃人的不完备性、交托自然天赋的完备性是自然教育的特点，也是自然教育原理应用的特点。

自然教育教学可以借助安静的观察，面向实际的测量技术，并且充分开放个人的探索本能，从而逐步学习这些原理，进而发展自己的技巧，学生自己也同样如此。对于学生的教育而言，他们可以通过测量技术、学分设计和课程设计三个支撑点，从而使自己达到自治、自学、自己校验、自己成长的结果。自然而然地学习，自然而然地学会，就像水和风，随着山势、地形和光线，就会有自己的自然反应。

二、自然教育与乡村建设的联系

自然教育与环境治理。现如今，我国乡村开展农村人居环境整治行动和美丽宜居乡村建设。遵循乡村自身发展规律，体现乡村特点，注重乡土味道，保留乡村风貌，努力建设农民幸福家园。自然教育的发展有助于解决现代农业带来的一系列问题，如严重的土壤侵蚀和土地质量下降，环境污染和能源消耗，物种多样性的减少。自然教育的引入可以让乡村环境整治的过程更具教育意义。

自然教育与田园休闲。休闲农业的发展有力地推动了农业产业结构的调整，大大提高了农业效益，实现了经济效益、社会效益和生态效益的良性循环,已成为农业、农村新的经济发展点。乡村旅游以"乡村性"作为旅游吸引物,其根本吸引力是客源地"城市性"和目的地"乡村性"的级差,保护乡村的乡土环境及人文环境是保存乡村旅游活力的重心。综合型自然教育是特色田园乡村的重要组成部分,协力改善乡村人居环境,发展乡村经济。

自然教育的难点。目前我国的乡村处于基础设施建筑、环境治理、田园休闲同步发展阶段,情况复杂,效果显现慢。对于乡村管理者而言,开展自然教育的人力、资源、工具和培训外的自我成长机制等,都是乡村自然教育课程开发遇到的困难与挑战。

三、乡村自然教育发展未来概况

以乡村农业为载体,滋养乡村的孩子,让乡村的孩子从小就能够接触自然、了解自然,了解农业与环境保护的关系。以自然教育为手段,去倡导农场发展生态、休闲农业,为乡村的发展提供新的途径。

乡村自然教育发展应立足本土化,在乡村越来越多的有机农场与返乡创客,项目为农场与返乡创客提供的是自然教育课程和人才培养,每个试点农场需要提供自然体验的机会给周边的学校;农场面向游客开展自然教育的课程,增加收入,部分利润反哺到乡村自然教育项目。

乡村自然教育项目希望联结农场生态农业与学校自然研学,让乡村青少年能从乡村农场开始接触自然,体验自然之美,感受生态文明建设的成果,进而积极参与其中。不仅是给乡村的儿童、青少年提供学习的课堂,传播环境保护的理念,同时,也是为乡村农业提供参与生态建设、发展生态休闲农业、构建和谐乡村的实践机会,形成农场生态农业—学校自然研学的纽带。

四、自然教育与中国乡村结合的路径

未来经济将是一种体验经济,未来的生产者将是制造体验的人,体验制造商将成为经济的基本支柱之一。要求家长每周带孩子参加亲子活动一两次,一起亲近大自然,做游戏。每次在与大自然接触的过程中,集中完成手眼协调、语言表达、人际交往等某一方面的能力训练,体现了家长、孩子之间交互的教育方式。

发展亲子农场必须真真实实将农业生产经营好,如果将农业生产表演化,那就势必失去乡村旅游的原汁原味,削弱乡村旅游对外来游人的应有魅力。亲子农场类型有亲子游赏型、亲子互动型、亲子教育型三种类型。

(一)家庭小菜园——亲子开心农场

亲子农场伴随着休闲农业而产生,在经历了观光采摘、操作体验,休闲度假三个阶段之后,目前在欧美和我国发达城市休闲农业已经进入发展的最高阶段——租赁阶段,以亲子开心农场为代表的市民农园模式是农业租赁经济最具代表性的产物。通过这种租赁模式,城市儿童可以和父母一起体验农业生产、经营以及收获的过程,享受农耕生活的乐趣。

(二)森林幼儿园模式——自然教育法

在德国,盛行面对3~6岁的幼儿园小孩完全户外的"自然教育法",被称为"森林幼儿园"。传统的教室被葱郁的黑森林取代,孩子们整日在户外活动,观察动植物、做游戏、画画,想休憩的时候,孩子们就躺到由树桩和树枝做成的巨大"沙发"里。

(三)乡村博物馆模式——历史大课堂

乡村博物馆是城市人缅怀乡村生活、农村当地人追忆往昔生活的场所,往往以一个特色突出的村寨为载体,通过静态的设施展示和动态的生活展示满足参观者猎奇的心理。

对于儿童来说,乡村博物馆是了解乡村生活变迁、区域历史沿革的体验基地;对于父母来说,可以在这里追忆历史,给孩子讲授历史知识。

(四)乡村休闲娱乐模式

通过乡土化的休闲体验和趣味性的乡村娱乐活动,为消费者提供乡村生活体验。在环境营造上,追求原汁原味,注重对自然、人文景观的保护,尽一切可能将旅游对自然景观的影响降至最低。在交通工具上,以步行为主,拖拉机、观光马车、小火车、自行车等是最常见的交通工具。

(五)农业创意节庆模式

在美国农业节庆中,有南瓜节、草莓节、樱桃节等创意节庆活动。在中国,在快要到来额儿童节,针对性地开展一些节庆活动,利用时兴的水果开展水果节。

五、发展自然教育，常遇到的状况有哪些

自然教育行业常面临的挑战，多是人才的匮乏、资金缺口、市场认知度不够等。自然教育行业看似轻松，只是带顾客们在自然中感受和学习，但其实这类活动对导师要求极高，既要有大量专业知识，还要善于互动与动手。既要能和各年龄层、各生活背景的人打交道，还要能够体察参与者的心态和兴趣点，更要有能力把知识以有趣方式传递给顾客。

有句话说得好，"博物学家不一定是好的导览员，但导览员都要努力成为博物学家"。虽然有各行各业有志人士投身自然教育，但合格的自然导师很少，优秀的自然导师就更是凤毛麟角。

乡村自然教育兴起，有其必要性，因为环境不断恶化、空气和水更相继"沦陷"，生态灾难层出不穷，但仅凭环保机构等民间组织呼吁，声音小响应少，更缺乏公众参与。除非能结合教育与创意，添加休闲娱乐性，才能深植人们或孩童心理，教他们实际感染自然魅力与带来的种种优点，假期结束后，或课程完毕后，日后才会对保护环境产生热情。

自然教育发展探析

刘亚儒　仰素海　刘润萍　赵敏琦
（河北小五台山国家级自然保护区管理中心　河北　蔚县　075000）

自然教育是近年来在国内新兴的、普遍受家长欢迎和社会关注的一种环境教育方式。自然教育的呼声越来越高，说明人们已经认识到传统教育形式的弊端，对自然教育的重视程度在逐渐提高。

一、什么是自然教育

关于自然教育，中外教育史上都有过研究与实践。在外国教育史上，以卢梭、杜威为代表的自然主义教育流派主张教育的自然性，强调"从做中学"，成为儿童中心教育理论的代表。卢梭的教育主旨就是要让人为的教育与人的自然发展相吻合，让个体生命的发展始终能找到一条自然善好的内在脉络[1]。良好的教育有赖于灵魂的先天本性，要求我们必须看清灵魂的本性，只有这样才可能照料并提升心灵的天然禀赋。这样的教育是引导的、启发的、生成性的，而不是灌输的、设计的、替代性的[1]。目前在国内流行起来的自然教育，就是鼓励少年儿童走进大自然，直接到自然界去观察和探索，通过与自然环境亲密接触，直接感受自然界的美丽与奥妙，从而激发少年儿童对自然界周围事物的好奇心和探究欲望，培养少年儿童亲近自然、关心周围生活环境的积极情感，并帮助儿童解决一系列心理和人际交往方面的问题。

自然教育就是要推行主体教育，释放儿童自然天性。主题教育相对于依附性教育或客体教育而言,是对教育培养什么样的人以及教育活动的认识。人是教育的出发点,教育的根本目的是培养和完善人的主体性,使之成为时代需要的社会历史活动的主体[2]。自然教育是解决如何按照天性培养孩子,如何释放孩子潜在能量,如何在适龄阶段培养孩子的自立、自强、自信、自理等综合素养的均衡发展的完整方案,解决儿童培养过程中的所有个性化问题,培养面向一生的优质生存能力、培养生活的强者。自然教育着重品格、品行、习惯的培养;提倡天性本能的释放;强调真实、感恩;注重生活自理习惯和非正式环境下抓取性学习习惯的培养。其精华在于,能够通过对于自然的不断观察,体会生命的伟大,培养热爱自然、热爱生命、热爱生活的情感。

二、为什么要进行自然教育

(一)为了儿童的身心健康发展

随着城市化进程的发展,越来越多的城市儿童,远离自然,失去了与自然的连接。由此而衍生出了许多问题,这些问题被称为"自然缺失症",威胁着城市儿童的身心健康,也让家长们担心不已。在教育过程中,必须使儿童真正处于主体地位,充分发挥他们的主体作用,尽管他们的行动是幼稚的,思维是粗糙的,但却是主动的、积极的和富有创造性的,也是具有无限可能性和强烈可塑性的[2]。自然教育的一个核心目标,就是帮助孩子们重建与自然的连接,获得自然的滋养,在自然中健康、快乐成长。

(二)为了自然和人类的可持续发展

自然教育可以从根本上解决资源衰竭和环境污染的问题,这是一项长远的工作,必须要经过长期的坚持才能看到效果。自然教育可以帮助儿童和青少年认识自然和自然界的基本规律,培养与自然的情感,养成自然友好的生活方式,并且激励他们参与到保护自然和促进社区可持续发展的实际行动中去。

(三)为了让公众能持续性地参与到自然生态的保护中来

持续性地保护自然源于热爱自然,热爱自然源于熟悉了解自然,体验自然之美、生命之奥妙。自然教育,帮助公众亲近自然、融入自然、观察自然、体验自然、发现自然之美，从而激发内心对自然的热爱，萌生出保护自然的意识，并积极行动。自然教育的一项重要任务，是持续地培训自然解说员的环境行动，鼓励公众投身环境行动，从"量变到质变"，带来积极的改变。

三、怎样进行自然教育

随着网络信息时代的发展，很多孩子在休息时都总是爱宅在家里不愿出门，整天围着电子产品转，在这样的大趋势下，家长就应该做好孩子身边的导师，积极带领孩子走进大自然，让孩子在天与地之间，在玩耍之间，学会观察、适应，掌握新知，建立自信，这些都是学校和书本上所不能给予的。在大自然的熏陶下，孩子充分地释放天性，回归本真。大自然中潜移默化的教育更为重要和有效，孩子与大自然接触的重要性，不亚于充足的营养和睡眠。古人云："读万卷书不如行万里路"，因此，带孩子走进大自然是最直接最有效的教育方法。

在大自然中，能够接触、认识种类繁多的植物、动物，这可以很好地培养孩子的观察力，让孩子从小热爱大自然；还可以让孩子充分动用他的五官感受大自然中丰富的色彩、动听的声音、四季不同的收获，体验自然赋予人类生活的智慧，这些都将给孩子带来美的乐趣和遐想，激励着他对美的追求。

观察和认识颜色是一项很重要的早教内容。自然界中可谓是五彩斑斓，不同种类的动物也以特有的色彩装扮自己。节假日里，家长可以带着孩子到公园或郊外，以自然界为教材，带孩子认识花及花瓣、花蕊、花苞的色彩，如果有蜜蜂、蝴蝶出来了，可以告诉孩子它们如何采花蜜；看到蚂蚁，可以告诉孩子蚂蚁的触角是用来和同伴交流。让孩子去体验太阳带给自己的温暖，去听鸟鸣的婉转，去看森林的葱郁，全面感受大自然的美好，更要让他学会借助自己的眼、大脑和手去看、去想、去画，逐渐地在此基础上让他养成自己发现喜爱的细节与色彩的习惯。

家长还可以引导孩子聆听自然的声音，带孩子到野外，让他闭目倾听风声、鸟虫鸣叫声，鼓励他寻找声音的来源。也可模仿这些声音，并让孩子学。自然界声音纯净而真实，对净化孩子的听力很有好处，而且模仿声音有利于增强孩子的知识含量和提高观察的能力。

四、自然教育的发展方向

当今人类的发展遇到许多前所未有的挑战。工业革命以来二氧化碳排放的增加，已经对全球气候和生态造成了显著的影响，生物多样性的保护早已成为全球关注的热点。作为最大的发展中国家，中国近年来也面临生态与环境保护的巨大压力。大力培养青少年的环境保护意识，理应成为每一位家长和教育工作者的责任。自然教育可能成为一种既受到青少年欢迎，又能培育科学兴趣，同时增强环境保护意识的有效教育方式。未来科学与技术的发展，对人类的生活方式和文化发展都将产生史无前例的影响。热爱自然应该是人类作为生物一员的天性，人类的快乐与幸福离不开对人的天性的尊重。因此，自然教育的意义，不仅仅是培养青少年对自然与科学的兴趣，为中国的未来发展储备科学人才，更重要的还在于熏陶人的情操，提高全民科学素质，培养人文主义情怀。合作、交流是人类取得今天拥有的高度文明的过程中不可忽视的因素，自然教育的另一重要意义是，从自然中体会生命的价值，以及不同个体之间的合作精神，促进人与人之间越来越高效的沟通。

如果说，在中华民族五千年灿烂文化和历史中，还有一丝遗憾与不足的话，那就是对自然的关注和喜爱。或许可以说，自然教育是一门中国面向未来、走向世界的必考科目。

参考文献

[1] 刘铁芳.自然教育的要义与教育可能性的重建[J].当代教育论坛（管理版），2012（1）：1-11.

[2] 金梦菲.尊重自然天性，给孩子一片自由的天空[J].小学时代（教育研究），2014（17）：78.

自然教育市场化转型发展策略

张 龙　张树彬

（河北林业生态建设投资有限公司　河北　石家庄 075799）

随着城市化进程快速发展，越来越多的城市人群远离自然，失去了与自然的沟通渠道，导致现代城市人群与大自然的完全割裂，因此而衍生城市人群对社会、自然、文化、生活等多方面知识缺乏，造成身心、审美、情感成长中有所缺失。开展自然教育，就是帮助城市人群重建与自然的连接，在自然中获取知识，在自然中激发自身潜能，培养遵循自然规律的健康心智。随着我国经济社会的快速发展和人们生态文明意识的提高，自然教育成为建设生态文明的重要抓手，是经济社会发展的迫切要求。推行自然教育市场化，将自然教育纳入市场化服务体系，让更多的人群接触到自然，让城市化人群接受正规化有指导性的自然教育，探索自然教育事业市场化发展的新模式、新途径就显得尤为必要。

一、政策背景

（一）国家对生态文明建设的高度重视

党的十八大把生态文明建设纳入中国特色社会主义事业五位一体总体布局，明确提出大力推进生态文明建设，努力建设美丽中国，实现中华民族永续发展。2013年5月24日，中共中央政治局第六次集体学习中，习近平指出建设生态文明，关系人民福祉，关乎民族未来，这标志着我们对中国特色社会主义规律认识的进一步深化，表明了我国加强生态文明建设的坚定意志和坚强决心。2015年9月11日，中共中央政治局召开会议，审议通过了《生态文明体制改革总体方案》。这标志着推进生态文明体制改革要搭好基础性框架，构建产权清晰、多元参与、激励约束并重、系统完整的生态文明制度体系。2017年10月18日，习近平总书记在党的十九大报告中指出，生态文明建设功在当代、利在千秋。我们要牢固树立社会主义生态文明观，推动形成人与自然和谐发展现代化建设新格局。

（二）政府对自然资源的管理策略

在我国，适合开展自然教育的森林、草原、湿地、海洋等绝大部分为政府直接持有，政府在管理利用自然资源时，重点关注的是自然资源的生态安全、自然的破坏程度以及是否可以持续性发展，在利用自然资源开展社会化服务方面则关注性不足，这也导致自然资源禀赋优越的地区难以面向大众直接开放。诚然，若大规模开展旅游业必然会对自然资源造成一定的破坏，而自然教育的表现形式完全不同于旅游业，同样处于自然环境中，旅游是以游玩为最终目的，自然教育则是以获取知识为目的，两者的最终目的不同，也表现为对自然资源的利用方式不同，旅游是对自然资源的破坏性开发，自然教育则是保护性利用。

（三）政府对自然资源的调配模式

2019年4月，国家林草局发布《关于充分发挥各类保护地社会功能大力开展自然教育工作的通知》，明确指出：自然保护地在不影响自身资源保护、科研任务的前提下，按照功能划分，建立面向青少年、自然保护地访客、教育工作者、特需群体和社会团体工作者开放的自然教育区域，鼓励专家学者为公众讲授自然知识，打造富有特色的自然教育品牌，着力推动自然教育专家团队、优质教材、志愿者队伍建设，逐步形成有中国特色的自然教育体系。这标志着从政策层面允许原来不对公众开放的自然保护区资源，可以适度面向大众进行自然教育，也为自然教育市场化运营提供了基础条件。

二、自然教育市场化的策略与途径

发展自然教育要突出市场化体制机制转变，由政府主导转变为政府调控下由市场主导的自由竞争。同时还要注重自然教育内涵的挖掘，突出特色，形成品牌效应，对自然教育产品进行改革与创新。

（一）宏观层面

政府部门由过去的政治扶植、经济控制转向政治上引导、宏观调控，在市场上逐步放开，从自然资源保护和利用层面上重新审视和塑造自然教育。这主要包括：

政治上的引导，主要在政治上保护自然资源纯正性，坚持利用有序，不搞破坏性开发。

从资源禀赋角度来引导自然教育，要以资源利用的可持续发展视角来看待自然教育，以获取知识为最终目的，而绝不能把自然教育当作进入自然保护区的一种旅游来看待。

培育和完善自然教育的运行环境，健全自然教育市场秩序，让自然教育机构能够真正以主人翁姿态市场化运作自然教育，不搞恶意竞争。

形象宣传上力求突出其"自然"的一面，努力扩大"自然"的内涵，体现出大自然、原生态一面，使自然教育的形象立体化。

（二）微观层面

加强自然教育服务的创新，自然教育要进行市场化转型，就要在准确定位市场的基础上，对服务进行改革与创新，突出特色、形成品牌。具体表现为：

（1）优化自然教育课程、路线、书籍设计。课程、路线、书籍设计要与市场需求紧密结合。可以充分利用各个教育基地的自然禀赋，在保持教育基地主调的同时，开发其他研学形式，如红色教育、劳动教育等。

（2）自然教育的品质提升。目前旅游市场呈现出个性化趋向，人们不再满足于普通的大众旅游，而是要考虑出行所带来的体验提升和知识提升。因此，自然教育成功适应了人们消费心理的变化，充分发掘自然资源的内涵，在产品塑造中突出独特的自然资源文化内涵，从而以文化的差异性吸引人群。

（3）找准客源，进行产品营销的创新。自然教育不适用于大规模人群开展，要保持小而精的市场特性，保证参与人员能够深度融合自然、获取知识。市场主要可以分为三大群体：在校学生、城市工作人群、儿童。自然教育机构针对不同的客源市场，采用不同营销策略，利用多元化渠道来开展各种营销活动。

（4）要用整体化的视角，进一步强化自然教育的衍生服务，以点带面，向课程、书籍、路线、科考等多方向发展。

（5）完善自然教育产业链，树立优质教育形象。通过各种途径，加强自然教育的产业链建设，融合自然教育及其他产业的关联性，进行综合性市场发展。

（6）可对距离较近的自然教育基地进行整合，加强各自然教育基地的合作与互补，以满足城市人群多方面需求。

三、结 论

针对目前自然教育市场化运作机制，可采取以下策略：①逐渐转变政府在自然教育中扮演的角色，政府要主导行业发展宏观调控作用，自然教育不依赖政府拓展市场；②立足教育基地固有教育资源和配套设施，紧紧贴合自然教育市场，根据市场需求来打造自然教育课程、路线，形成有利于发展市场化自然教育的运行管理机制；③充分挖掘自然资源禀赋，尽力转变以往把自然教育当"旅游"的观念，而要从行业可持续发展的大背景上对自然教育的理念进行重新审视和定位；④充分借鉴国外自然教育基地建设的成功经验。通过还"教育"于"自然"，把保护自然、建设生态文明的理念潜移默化于整个自然资源教育中。

四、讨 论

自然教育的发展与政府的大力引导有着密不可分的关系，其发展壮大也受到了政府政策、财政资金、资源开放等多方面的影响。在市场机制的背景下，自然教育真正要进行市场化转型，需要多方面综合作用，如政府、自然教育基地、教育机构、市场经营主体、消费者等。自然教育未来的发展中以下方面的问题仍需深入探讨：①在转型过程中政府以何种形式实现逐步放权，从而达到在保护自然资源的前提下开展自然教育的稳定过渡。

②打造何种形式的产业链以让自然教育逐步融入市场时达到其推广效果。③市场化开展自然教育过程中如何妥善处理各个利益主体之间的关系，如自然资源主管部门、教育基地、自然教育培训机构、消费者等多方利益，以实现其合作共赢。